登月之謎

MOON LANDING CONSPIRACY

博希 著

登月之謎
MOON LANDING CONSPIRACY

前言

　　在愚昧的年代，發現秘密和創新見解都是非常危險的事：哥白尼要含恨而終、伽里略要自我推翻、文人因為「文字獄」要誅連九族。雖然他們都找到真相，但錯就錯在挑戰了權威，直接威脅當權者的既得利益。

　　別以為到了資訊發達的今天，一切就變得透明、公平。政治上，在某些國度，人民還是備受箝制，他們就連一些很普通的網站都未必連得上，這幾乎是眾所周知的「秘密」。他們的政府到底怕什麼？

　　在醫學發展上，近年對幹細胞的研究，發現了近乎有如神跡的效果，就連從前被認為不能醫治的永久性損傷及遺傳病，都可讓患者一一復原。但為什麼這種療法仍遙遙無期。醫生們到底怕什麼？

　　追求真理一直是推動人類進步的原動力，如果得過且過弄虛作假，或者任由錯誤的訊息流傳，那些寶貴的教訓便會枉費，讓成功的日子離得更遠。嘗試放開心靈，細味令你意想不到的歷史真相，培養你對世情有更成熟的看法吧！

博希

目錄

前言 _____ 3

CHAPTER ONE
登月之謎

01. 美蘇太空競賽　月球成兩國第一戰場 _____ 8

02. 登月第一人　阿波羅11號登月全記錄 _____ 17

03. 太空探索　登月10大發現 _____ 37

04. 1969年登月騙局破綻大披露 _____ 42

05. 陰謀背後　更多未解之謎 _____ 56

CHAPTER TWO
外星解禁

01. 迷信還是科幻？　上帝是外星人 _____ 64

02. 遙望星河故鄉　人類源自金星 _____ 68

03. 專家在掩飾　火星上的神奇現象之謎 _____ 72

04. 地球的永恆老伴　月球存在的秘密學說 _____ 82

CHAPTER THREE
奇幻世紀

01. 復活的軍團　外星人叫秦始皇建長城 _____ 94

02. 瞬間轉移　令人驚奇的人類失蹤之謎 _____ 99

03. 邊緣回望　時空穿梭之旅 _____ 104

04. 驚人內幕　前蘇聯時光倒流絕密實驗 _____ 112

CHAPTER FOUR
哭泣的大地

01. 地球發燒了　溫室效應水浸眼眉 _____ 118

02. 危機一觸即發　直擊氣候變暖大災難 _____ 125

03. 看不見的戰役　人類大戰微生物 _____ 136

04. 哀鴻遍野時　致命流感捲土重來 _____ 145

05. 撒旦創造的病毒　伊波拉恐怖殺人史實 _____ 152

06. 失去武器的戰將　抗生素藥效逐減後 _____ 158

07. 生命中不能承受的多　百億人口大關響警報 _____ 165

08. 坐以待斃還是積極面對？　殺到埋身的末日預言 _____ 170

CHAPTER FIVE
歷史謎案

01. 歷史上的阿當　尋找人類誕生的搖籃 _____ 178

CHAPTER ONE
登月之謎

月球是距離我們最近的一個星球，美麗的銀色月光使人類很早就產生了登月的美妙幻想。20世紀60年代，美國組織實施的「阿波羅登月工程」使這一超級幻想終於變成了現實。然而，數十年後的今天，有人卻懷疑那些宇航員的月球漫步、插美國國旗的影像，全都來自在美國荷里活攝影棚中偽造的。

美蘇太空競賽
月球成兩國第一戰場

　　20世紀60年代，美國在人造衛星和載人航天技術方面落後於前蘇聯（今俄羅斯），因此美國制定了「阿波羅登月計劃」，加緊從事人類登月方面的研究與實驗。1969年7月16日，美國東海岸佛羅里達州的甘迺迪宇航發射中心，一支長達110米的巨形火箭即將點火起飛。

　　按照聯合國公約的規定，月亮是人類共同的財產，禁止任何國家聲稱對月球擁有主權。但當時的美國政府卻在私底下決定，要求美國宇航員登上月球後，在月球表面插上一面美國國旗。

月相的變化。

登月之謎
MOON LANDING CONSPIRACY

地球上尚未有人類誕生時，月亮就早已存在了。

人類觀賞月亮，在月亮身上寄託想像和感情，這甚至可能早於人類文明本身。

古人憑肉眼觀察就知道月相有固定的周期變化；知道「人有悲歡離合，月有陰晴圓缺」；知道月亮上有穩定的明暗區域；知道月亮裡有「仙人垂兩足，桂樹何團團。白兔搗藥成，問言與誰餐？」這樣的形狀。

之後，望遠鏡的發明讓人類可以比肉眼更清晰地觀察到月球表面的形態。其中，伽利略（Galileo Galilei）可能是第一個藉助望遠鏡觀察月球的人。1610年，伽利略在他出版的《星際信使》（Sidereus Nuncius）一書中，展示了他通過望遠鏡觀察月球表面時繪製的月球正面粗糙不平的地貌和遍佈的環形山。

然而，直到測器時代來臨，人類才從真正意義上認識了那個我們最熟悉的月亮。這一切，也不過是最近60年間的事而已。

左圖：月球正面暗色陰影區的輪廓。
右圖：唐代銅鏡中對月宮中嫦娥桂樹、玉兔蟾蜍的想像。

1957年10月4日，人類發射了第一顆人造衛星，前蘇聯的「史普尼克1號」（Sputnik-1）進入太空，並完成了近地軌道的環地球飛行。

這不僅標誌著人類正式進入太空時代，也正式拉開了美蘇太空競賽的帷幕。離我們最近的月球，當然是第一戰場。

1958年，人類開始月球探測。在短短的8至12個月間，美蘇競相發射了「先驅者」（Pioneer）0至3號和「月球」（Луна）1A到1C號，但均發射失敗。

但到1959年，人類就已經迅速從失敗中摸索出了竅門。

伽利略

中圖：伽利略的著作《星際信使》
右圖：《星際信使》中的月球正面地貌手繪圖。

　　1959年1月4日，蘇聯的「月球1號」飛掠月球，並首次探測到月球幾乎沒有磁場。

　　1959年9月13日，蘇聯的「月球2號」第一次接觸月球表面，雖然是以一種極其慘烈的方式——撞向月球表面墜毀。

　　到了1959年10月6日，蘇聯的「月球3號」不僅成功飛掠月球，還傳回了第一張月球背面的影像。要知道，因為月球的自轉和公轉周期相同（也就是被地球「潮汐鎖定」），人類在此之前從來沒有見過月球背面長什麼樣子。

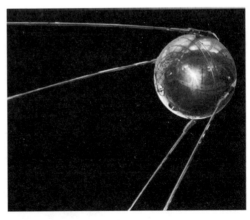

蘇聯40戈比（kopeyka，俄羅斯聯邦的法定貨幣「盧布」的輔助單位）面值的郵票，票面圖案是「史普尼克1號」及其軌道。

「史普尼克1號」的複製品，現藏於美國國家航空航天博物館。

與此同時，蘇聯「月球2號」的撞擊墜毀似乎給美國提供了新的思路，因為在此期間美國一直沒有找到「接近」月球表面的方案，最接近的一次也只是「先驅者4號」以近60,000千米的距離飛掠月球而已。但大家都明白，只有飛得離月球越近，才能越清楚地看到月球表面的細節——於是就有了美國「徘徊者號」系列任務，以撞擊月球表面墜毀為代價，來「儘可能地接近月球」。

　　終於，1964到1965年期間，「徘徊者」7至9號成功拍攝，並傳回大量月球表面的高清照片。這些細節照片為後來美國的探測器軟著陸提供了保障。

為紀念前蘇聯拍到月球背面的首張影像而發行的郵票。

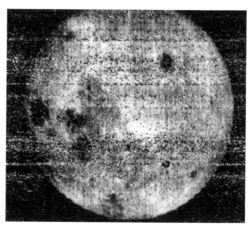

上圖為當時傳回的第一張月球背面影像，左邊的暗色區域分別為危海、史密斯海、界海，下方為南海，右上為莫斯科海。

1966年又是人類月球探測史上閃閃發光的一年。

1966年2月3日，蘇聯的「月球9號」成功在月球正面的風暴洋著陸，成為人類歷史上第一個成功軟著陸於月球表面的探測器。而在這之前，人們一度非常懷疑月球表面的地質太過鬆軟，任何物體落在其表面，都會陷進月球的土壤裡，因此無人著陸機的成功，給後來的載人任務巨大的信心。四個月後，美國的「勘測者1號」也成功著陸於風暴洋。

1966年4月3日，蘇聯的「月球10號」成為第一顆成功進入月球軌道的探測器。同年8月14日，美國的「月球軌道器1號」也入軌成功。軌道器技術的成熟對月球探測以及人類所有的天

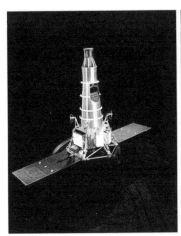

徘徊者7號

由「徘徊者7號」傳回的第一張月球表面高清照片。

體探測意義非凡。

　　從此，拍攝到的月球表面照片再也不是稍縱即逝的驚鴻一瞥，而是軌道器在一圈一圈繞月飛行中可以穩定拍攝並傳回的影像。同時，人類獲得月球全球覆蓋的影像逐漸成為可能。再往後，就是不斷提高覆蓋率和解像度的事情。

　　在「月球軌道器」2至5號和「著陸器探測者」3號、5號、6號、7號成功探測的基礎上，不斷增進對月球表面了解的美國，也在不斷醞釀著太空競賽的決勝一擊——載人登月。

　　1968年12月24日，「阿波羅8號」軌道器成功進入月球軌道，這是人類歷史上第一次載人繞月飛行。

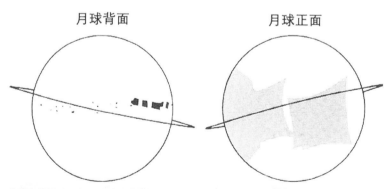

　　　月球背面　　　　　　　　月球正面

「月球軌道器1號」拍攝的月球表面影像之覆蓋範圍

登月之謎
MOON LANDING CONSPIRACY

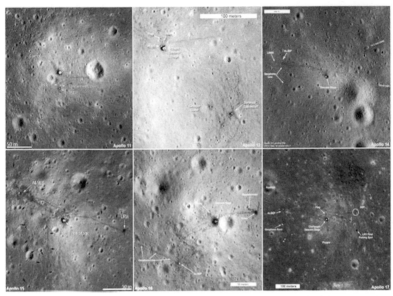

六次阿波羅載人登月著陸點和當時著陸留下的各種設備（地震實驗裝置、上升艙等）在目前最高解像度的月球影像中的樣子。

　　1969年7月20日，「阿波羅11號」成功於月球正面的靜海著陸——差不多在每次較量中都慢蘇聯一拍的美國，終於首先實現載人登陸月球的壯舉。此後的「阿波羅」12、14、15、16、17號均成功實現載人登月，並在月球表面完成了包括地震實驗、熱流探測、重力儀和激光反射陣列安裝、月球岩石採樣和返回等一系列直到今天都無法超越的月球實地探測——這也是人類目前為止唯一親身探測過的地球以外的天體。

而姍姍來遲的蘇聯「月球16號」也於1970年9月20日著陸月球正面的豐海（Mare　Fecunditatis，或譯「豐富海」），採集了101克月球土壤樣本，並完成了人類第一次無人機採樣返回。

　　1970年11月17日，蘇聯「月球17號」著陸成功，並釋放了「月球車1號」，這是人類第一部月球車。

　　但隨著阿波羅載人登月的成功，美蘇太空競賽迅速進入了尾聲。1972年12月11日，「阿波羅17號」載人登月成功，三名太空人還在途中拍攝了著名的藍色彈珠。這成為人類太空史上迄今為止最後一個載人登陸項目——自此，阿波羅任務在最鼎盛的時候戛然而止。

　　1976年8月18日，蘇聯「月球24號」無人機著陸成功，並完成了月球土壤的採樣返回，這是此後十多年裡，人類最後一次月球探測項目。1977年，由於經費（主）和能量的雙重原因，阿波羅任務安裝的四台月震儀和一台重力儀被全部終止工作，一個時代宣告結束。

登月第一人
阿波羅11號登月全記錄

　　「阿波羅11號」（Apollo 11）是美國國家航空航天局（National Aeronautics and Space Administration，簡稱NASA）的「阿波羅計劃」（Project Apollo）中的第五次載人任務，是人類第一次登月任務。三位執行此任務的宇航員分別為指揮官尼爾・岩士唐（Neil Armstrong）、登月艙駕駛員米高・哥連斯（Michael Collins）及指揮/服務艙巴斯・艾德林（Buzz Aldrin）。1969年7月21日，岩士唐和艾德林成為了首次踏上月球的人類。

「阿波羅11號」任務徽章

任務資料：

中文名：阿波羅11號 (Apollo 11)

概述：阿波羅計劃中的第五次載人任務

意義：人類第一次登上月球

主要任務：使人類登上月球並開展月面活動

太空船結構：指揮艙-服務艙-登月艙

太空船數據：

-太空船名稱：「阿波羅11號」

-指令/服務艙呼號：哥倫比亞

-登月艙呼號：鷹號

-運載火箭：「土星5號」SA-506

-成員人數：3

-發射時間：1969年7月16日世界時間13:32:00

-發射地點：佛羅里達州甘迺迪航天中心LC 39A

-登月時間：1969年7月20日世界時間20:17:43

-登月地點：北緯0度40分26.69秒，東經23度28分22.69秒靜海

-降落時間：1969年7月24日世界時間16:50:35

-降落地點：北緯13度19分，西經169度9分

-任務時間：8天13小時18分鐘35秒

-月球軌道時間：58小時30分鐘25.79秒

-月表停留時間：21小時36分鐘20秒

-月表行走時間：2小時31分鐘40秒

-指令艙質量：30,320千克

-登月艙質量：16,448千克

-帶回月球標本質量：215.5千克

-NSSDC ID（國際衛星標識符）：1969-059A

任務團隊：

1. 正式成員

尼爾·岩士唐（Neil Armstrong）：曾執行「雙子星8號」和「阿波羅11號」任務。在「阿波羅11號」任職指揮官。

巴斯·艾德林（Buzz Aldrin）：曾執行「雙子星12號」和「阿波羅11號」任務，是「阿波羅11號」的登月艙駕駛員。

米高·哥連斯（Michael Collins）：曾執行「雙子星10號」以及「阿波羅11號」任務，於是次任務中司職指揮/服務艙駕駛員。

2. 替補成員

　　替補成員同樣需要接受任務訓練，在主力成員因各種原因無法執行任務時接替。成員包括：

詹姆‧洛威爾（Jim Lovell，曾執行「雙子星7號」、「雙子星12號」、「阿波羅8號」及「阿波羅13號」任務。

費特‧希爾斯（Fred Haise，曾執行「阿波羅13號」任務。

比爾‧安德斯（William Anders，曾執行「阿波羅8號」任務。

3. 支援團隊

　　支援團隊並不接受任務訓練，但被要求能夠在會議時代替某位宇航員，並參與任務計劃的細節敲定。他們也經常在任務被執行時擔任地面通訊任務。團隊成員有（見右頁）：

登月之謎
MOON LANDING CONSPIRACY

查理斯・杜克（Charles Duke，曾執行「阿波羅16號」任務。

朗勞・伊雲斯（Ronald Evans，曾執行「阿波羅17號」任務。

奧雲・加里諾（Owen Garriott，曾執行「天空實驗室3號」以及「STS-9」任務。

當・林特（Don L. Lind，曾執行「STS-51-B」任務

肯・馬丁利（Ken Mattingly，曾執行「阿波羅16號」、「STS-4」以及「STS-51-C」任務。

布魯士・麥克坎德雷斯（Bruce McCandless，曾執行「STS-41-B」以及「STS-31」任務。

哈里森・施密特（Harrison Schmitt，曾執行「阿波羅17號」任務。

威廉・波格（William Pogue，曾執行「天空實驗室4號」任務。

積・斯威格特（Jack Swigert，曾執行「阿波羅13號」任務。

任務過程

1. 發射登月

　　「阿波羅11號」的發射現場吸引了超過100萬的人群，全世界觀看發射現場直播的觀眾人數也達到了創記錄的六億人。總統尼克遜（Richard Milhous Nixon)在白宮橢圓形辦公室（Oval Office）裡觀看現場直播。

總統尼克遜在白宮橢圓形辦公室內，透過電視觀看「阿波羅11號」登月情況。

群眾在觀看太空船起飛

　　裝載著「阿波羅11號」的「土星5號」火箭於美國當地時間1969年7月16日9時32分在甘迺迪航天中心發射升空，發射12分鐘後太空船進入地球軌道，速度達到7.67千米/秒。

　　太空船在環繞地球一周半後，第三級子火箭點火，使太空船加速到10.5千米/秒，並進行「月球轉移軌道射入」

登月之謎
MOON LANDING CONSPIRACY

岩士唐準備戴上頭罩

「阿波羅11號」升空一刻

（Translunar injection, TLI），讓「阿波羅11號」進入地月軌道。30分鐘後，指揮/服務艙從「土星5號」分離，並旋轉180度與第三級火箭內的登月轉接器（Lunar Module Adaptor）中的登月艙連接。

「阿波羅11號」於1969年7月19日經過月球背面，很快點燃了主火箭，使太空船減速進入了月球軌道。在環繞月球的過程中，三名宇航員在空中辨認出了計劃中的登月點。

「阿波羅11號」的登陸點在寧靜海（Mare Tranquillitatis）南部，Sabine D環型山西南20公里處。這個登陸點被選擇的原因是它比較平整，也就不會在降落和艙外活動時製造太多困難。登陸之後，岩士唐把登陸點稱做「靜海基地」。

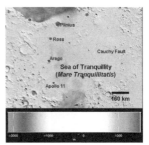

「阿波羅11號」的登陸點在　「鷹號」準備降落　「鷹號」成功降落的消息
寧靜海的南部。　　　　　　　　　　　　　　　　成報章熱捧新聞

　　1969年7月20日，當太空船在月球背面時，外號「鷹號」的登月艙（Lunar　Module）從「哥倫比亞號」的指令艙中分離。哥連斯獨自一人留在「哥倫比亞」上，在「鷹號」（Eagle）繞垂直軸旋轉時仔細地檢查了一遍，以確保這個飛行器一切正常。檢查後，他做了一個簡單的告別手勢——「兩位多加保重」——便離開了。哥連斯的任務是留在指令艙中並繞月球環行，在以後的24個小時中只能監測控制中心與「鷹號」之間的通訊，並祈禱登月一切順利。如果「鷹號」發生了意外並且不能夠從月面起飛的話（可能性極大），哥連斯就只能獨自一人返回地球。

　　隨後，岩士唐和艾德林啟動了「鷹號」的推進器並開始下降。他們很快意識到它「飛過頭」了：他們向月面降落時，表明計算機過載的警報器開始響起。「鷹號」在下降彈道中多飛

登月之謎
MOON LANDING CONSPIRACY

了四秒，也就是說登月點會離計劃西面若干公里遠。導航計算機出現了若干次異常的程序警報。在侯斯頓的約翰遜太空中心，飛行控制指揮官史提芬‧貝爾斯（Stephen Bales）面臨著一個關鍵、一剎那間的抉擇——終止登月計劃（這也意味著終止整個飛行計劃，因為飛行器上的燃料僅夠進行一次嘗試），或者命令宇航員按照計劃行動，不要理會登月艙計算機出現的問題。貝爾斯後來承認，他是「憑直覺」允許岩士唐嘗試登月的。

飛行控制指揮官貝爾斯

重新開始注意窗外之後，岩士唐發現他們正處在一塊岩石和一片硬地之間。計算機失靈導致他們飛過了預選著陸區，而燃料也很快就要耗盡了。此時，岩士唐選擇了手動控制登月艙。登月艙不斷下降，燃料開始耗盡——登月艙位於月面上空大約九米，所剩燃料僅夠用30秒鐘——岩士唐在遍布礫石和隕石坑的月面冷靜地找到一處適合於著陸的地方，並駕駛登月艙穩穩地降落在月球上。準確的登陸時間是1969年7月20日下午4時17分43秒（侯斯頓時間）。

岩士唐和艾德林互相看了一眼，會心地笑了。侯斯頓飛行控制中心內鴉雀無聲，大家都在靜靜地等待著。終於，他們聽到了岩士唐的聲音：「侯斯頓，這裡是靜海基地。『鷹號』著陸成功。」飛行控制中心頓時爆發出一陣熱烈的歡呼聲。在登月艙裡，岩士唐和艾德林把手伸過儀表盤，默默地握了一下。

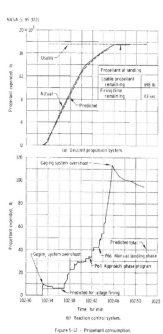

Figure 5-12 · Propellant consumption.

「阿波羅11號」的實際著陸點(Actual landing site) 偏離預定位置 (Planned landing site)實際上有幾英里之遠。

登月之謎
MOON LANDING CONSPIRACY

登月過程中的程序警報是「執行溢出」，意味著導航計算機無法在規定時間內完成預定任務。後來發現，溢出的原因是登月艙的對接雷達在降落時沒有關閉，使計算機仍然監視並不在使用的雷達。由於在緊急關頭的一句「繼續」，史提芬·貝爾斯後來獲得了一枚總統自由勳章。

降落後不久，在艙外活動的準備工作開始之前，艾德林通過無線電向地球念道：「這裡是登月艙駕駛員。我想利用這個機會讓所有正在聽的人，不論他們是誰或在哪裡，靜下來，回顧一下過去幾小時所發生的一切，並以他或者她自己的方式表示感恩。」

作為共濟會的成員，艾德林接下來進行了聖餐禮。艾德林將他所進行的聖餐禮保密，甚至都沒有告訴他的妻子，因為「阿波羅8號」宇航員在月球軌道中念的《創世記》使航空航天局被無神論者麥達琳·默里·歐黑爾（Madalyn Murray O'Hair）起訴。

2. 登上月球

1969年7月21日2時56分，「鷹號」降落六個半小時後，岩士唐扶著登月艙的階梯踏上了月球，説：「這是我個人的一小步，但卻是全人類的一大步（That's one small step for a man, one giant leap for mankind.）。」艾德林不久也踏上月球，兩人在月

表活動了兩個半小時，使用鑽探取得了月芯標本，拍攝了一些照片，也採集了一些月表岩石標本。

3. 月面活動

踏上月球前，宇航員們通過鷹號登陸艙60度視域的三角形舷窗，對著陸場進行了觀察以確定安放「阿波羅計劃初期科學實驗組件」（EASEP）和一面美國國旗的位置，加上艙外活動所必須的準備，消耗時間超出了計劃中的兩小時。

最開始時，岩士唐無法順利地背負生命保障系統背包（PLSS）通過艙門。據另外一名資深月球漫步者約翰·楊

太空人在月球表面進行了不少月面活動

美國登月的消息成為報章頭條

稱：阿波羅登月艙曾經進行過改造以適應一個較小的艙門，而生命保障系統背包卻沒有隨之改進，進出的困難使宇航員心率幾個最高紀錄都集中在出入登月艙時。因為胸前安裝遙控單元的阻礙，岩士唐看不到自己的腳步。

在他緩緩從登月艙的九級爬梯爬下的過程中，岩士唐拉動了一個「D字形」拉環，釋放了折疊狀態安置於鷹號側壁上的一個叫做模塊化設備組合的設備，並同時啟動電視攝像機。首次登月使用的是慢掃描電視與商業電視的組合，即畫面先放映在特殊的顯示器上，之後由一台普通電視攝像機對著這台顯示器拍照，這種拍攝方法大大的降低了畫面的質量。畫面信號首先由位於美國境內的金石深空通訊中心接收，但位於澳洲的金銀花溪跟蹤站獲取的信號保真度更高。幾分鐘以後信號轉接到靈敏度更高的澳洲帕克斯射電望遠鏡。盡管直播遇到了許多技術和天氣困難，首次月面艙外活動模糊的單色畫面還是向全世界至少六億人進行了直播。雖然這條片段存世數量很大，但保存於美國國家航空航天局的原始慢掃描源版錄像卻在一次日常洗帶操作中被毀。所幸文檔錄像的副本最終在登月直播的一個地面接收站，澳洲的珀斯被找到。

描述過月面灰塵之後（「極細，幾乎是粉狀」），岩士唐走下了登月艙的支腳，開始了人類首次對另外一個星球的探索。作為阿波羅系統的工程實驗品，岩士唐首先對「阿波羅11

號」登月艙進行了拍攝，以供工程師對登月艙降落後的情況做出判斷。之後他使用安裝在一根桿子端頭的採樣袋進行了應急土壤採樣，並將樣品袋折疊塞到了右側大腿上的儲物袋中。接下來他從模塊化設備組合中取出了電視攝像機並完成了一次全景拍攝，之後將攝像機安裝在距登月艙12米（40英尺）遠的三腳架上。

　　艾德林隨後踏上月球表面並測試了包括雙腳跳在內的幾種在月球表面走動的方法。盡管生命保障背包造成了一些後墜的趨勢，不過兩名宇航員在保持平衡方面的問題並不嚴重。隨後宇航員發現跨步跑是月面活動中最方便的方式，宇

宇航員在月球插上美國國旗

登月之謎
MOON LANDING CONSPIRACY

航員們報告稱，必須得提前六、七步規劃移動方向，因為月球表面細膩的土壤很滑。艾德林報告說：在從陽光走入陰影的過程中，太空服內部溫度沒有變化，但頭盔在陽光下的感覺要比陰影中暖和。

在月球上安放美國國旗之後，宇航員們與美國總統理尼克遜通了電話，這次電話交談被尼克遜稱為「從白宮打出的最具歷史性的電話」。尼克遜原本準備在電話上做一個較長的演說，不過時任駐白宮的美國國家航空航天局「阿波羅11號」聯絡員的弗蘭克‧博爾曼說服了尼克遜，最終將這次通話進行了縮減以示對肯尼迪登月遺願的尊重。

宇航員們在月球表面安放了阿波羅計劃初期科學實驗組件，其中包括一台被動式地震儀和一台激光測距反射鏡。之後岩士唐在距離登月艙120米的位置對東部環形山的邊緣進行了拍照，同時艾德林取出了兩根岩芯，取樣過程中他使用地質錘敲擊鑽桿，這是整個「阿波羅11號」任務中一次使用地質錘。隨後兩名宇航員使用鏟子和帶有爪的探桿進行了岩石標本收集。因為許多工作時間都超出了預定時間，所以宇航員們不得不中途停止了記錄標本的工作。

這時，控制中心用密語警告岩士唐的代謝率過高，必須慢下來。不過因為艙外活動的總體代謝率低於預期，所以任務控制中心最終允許宇航員將艙外活動延長15分鐘。

離開月面

艾德林先爬進了登月艙，之後兩名宇航員一起用一種叫做月面器材傳送帶的扁平索滑輪裝置，費力的將拍攝的膠片和兩個裝有21.55公斤月面樣本的盒子運進登月艙。岩士唐隨後跳上爬梯的第三級，並爬進了登月艙。為了減輕登月艙上升級的重量以返回繞月軌道，兩名宇航員在轉換到登月艙上的生命保障系統後，開始將宇航服上的PLSS（便攜式生命保障系統）背包、月面套鞋、相機和其他一些設備拋棄在月面上。之後他們重新對登月艙加壓，接著就去睡覺了。

在進入客艙時，艾德林不小心碰壞了解除上升級主發動機保險的開關，最初人們擔心沒有這個開關將無法點燃引擎，以至於把宇航員們困在月球上無法返回。幸運的是這個開關用一個圓珠筆就可以打開。如果不是這樣，宇航員們就得重新設置登月艙的電路以點燃上升級發動機。

在休息了約七小時以後，指揮中心叫醒了兩名宇航員並指示他們進行回航準備。又過了兩個半小時，他們乘坐「鷹號」上升級離開月面返回繞月軌道與指令倉哥倫比亞號上的指令倉駕駛員哥連斯會合，隨他們返回的還有21.55公斤的月面樣本。

在月面上的兩個半小時左右的時間裡，宇航員們放置了許多科學儀器，比如月面激光測距實驗使用的反射器陣列等。他們留在月面上的還有：一面美國國旗和一個紀念牌（安置在登

登月之謎
MOON LANDING CONSPIRACY

月艙下降級爬梯上），紀念牌上畫有兩幅地球的圖像（東半球和西半球）、題字、宇航員的簽名和理查德‧尼克遜的簽名。紀念牌上的題字為：公元1969年7月，來自地球的人類第一次登上月球，我們為全人類的和平而來。

登月艙上升級上的影片記錄顯示，在起飛階段時，放置在離下降級25英尺（7.6米）遠的美國國旗被上升發動機噴出的氣體猛烈吹動。隨著降落場慢慢離開視野，旗子似乎已經傾倒，但是否傾倒誰都不確定（但據艾德林說：「登月艙的上升級與下降級分開……我當時正盯著電腦，尼爾正看著高度表，但我還是看了一眼，發現旗子倒了。」）。在「阿波羅11號」之後所有登月太空船放置在月面上的美國國旗都至少離開登月艙100英尺，以避免被上升發動機吹倒。

在與哥倫比亞號會合之後，「鷹號」登月艙被拋棄並留在繞月軌道上。據國家航空航天局報告稱，「鷹號」的軌道逐漸降低最終在「某一地點」與月球相撞。

7月23日，在降落前夜，三名宇航員進行了一次電視直播。哥連斯說：「……把我們送入軌道的『土星五號』火箭的複雜程度是難以想像的，它的每一部件都很精細……我們始終對它抱有信心。沒有為這個計劃流血、流汗、流淚的人們，這一切都不會成為現實……雖然你們看到的只有我們三個，但在幕後有成千上萬的人為計劃作出了貢獻，我想對他們說：『十

分感謝』」。

　艾德林説：「……這不僅僅只是三個人去月球完成一次任務，也不僅僅是一個政府和產業團隊的努力，也不僅僅是一個國家的努力。我們感覺這象徵了人類對未知世界探索的求知欲……從我個人來説，回想過去幾天，聖歌中的一節在我腦中 'When I consider the heavens, the work of Thy fingers, the Moon and the stars, which Thou hast ordained; What is man that Thou art mindful of him?'」。

　岩士唐總結道：「這次飛行的責任是歷史付與的、是科學先驅們付與的責任、是美國人民的意志賦予的、是四個部門和他們的委員會付與的、是製造了火星火箭、『哥倫比亞號』、『鷹號』和艙外活動單元，包括宇航服和背包，也就是我們在月球上的小太空船，是製造了他們的公司與產業團隊賦予的。我們感謝建造、設計、實驗了太空船並為之付出努力並發揮才

尼克遜總統親自登上了回收船，歡迎宇航員安全返回地球。

宇航員進入了一個用作隔離設施的拖車，觀察眾人的身體狀況。

登月之謎
MOON LANDING CONSPIRACY

智的所有美國人，今晚，我們特別感激他們。願上帝保佑所有收聽收看我們直播的人，這裡是『阿波羅11號』，晚安。」

4. 返回地球

宇航員們於1969年7月24日返回地球，並受到了英雄般的歡迎。他們的降落點為北緯13度19分、西經169度9分，維克島以東2,660公里（1440海浬），或約翰斯頓環礁以南380公里（210海浬），距回收船大黃蜂號24公里（15英里）。在降落約一小時後，宇航員們被回收直升機發現，之後宇航員們進入了一個用作隔離設施的拖車。尼克遜總統更親自登上回收船，歡迎宇航員安全返回地球。

為避免從月球帶回未知病原體，「阿波羅11號」的乘員在返回地球後被隔離，但是被關了三周之後，宇航員們並沒有任何事情。1969年8月13日，宇航員們離開了隔離區並接受美國

宇航員們接受民眾歡呼

艾德林與妻子（圖右）受到熱烈歡迎

民眾向哥連斯歡呼

民眾的歡呼，同一天在紐約、芝加哥和洛杉磯都進行了為他們慶祝的遊行。

　　當晚在洛杉磯為「阿波羅11號」成員舉行了國宴，出席的有國會議員、44位州長、首席大法官和83個國家的大使。總統尼克遜和副總統斯派羅向每位宇航員頒發了總統自由勳章，這次慶典只是一個長達45天的名為「一大步」巡遊的開始，在這次巡遊中宇航員們去了25個國家，期間還拜訪了許多著名人物包括伊莉莎白二世女皇。許多國家為慶祝第一次載人登月都發行了紀念郵票或紀念幣。

　　1969年9月16日，三名宇航員在國會山舉行的參眾兩院聯席會議上發表演講，他們向眾議院和參議院分別贈送了一面隨他們登月的美國國旗。

「阿波羅11號」宇航員在發射中心展示國家地標牌匾

長達45天、名為「一大步」的巡遊

登月之謎
MOON LANDING CONSPIRACY

太空探索
登月10大發現

　　科學家表示，他們對月球以及整個太陽系的了解很多都是由「阿波羅11號」的宇航員證實和揭示出來的，此外對帶回來的月球岩石和塵埃的研究也起了很大作用，NASA已公布了「阿波羅登月計劃」的10大發現：

「阿波羅11號」的登月報告

1. 月球不是一個原生物體

月球是一顆逐步演化而成的擁有類似於地球內部結構的「陸行星」。現今我們知道月球是由岩石構成的,而這些岩石受過不同程度的熔化、火山噴發以及隕石的碰撞而變得凹凸不平。

月球擁有一層很厚的表層外殼(60千米),一層厚度基本一致的岩石圈(60至1,000千米),再深就是岩流層(1,000至1,740千米)。在岩流層的底部可能是一個小小的鐵質核心,但是這還沒證實。

2. 月球產生的時間久遠

和所有的陸行星一樣,太陽系形成後的前10億年的歷史在月球上留下了深深的印記。月球表面留有大量隕石坑。如果可以確定岩石樣品的年代,那麼我們就可根據金星、水星和火星上的隕石坑的信息來確定其地質發展史。其他行星的地質照片也可以根據我們從月球獲得的信息進行解釋了。

3. 最年輕的岩石比地球的「老」

最初的時候,月球和地球可能受到同樣的過程和事件的影響,但這些過程和事件留下的痕跡只有在月球上才能找得到。

在月球表面,黑暗平滑的月海大多是一些隕石坑,當中的

登月之謎
MOON LANDING CONSPIRACY

岩石相對年輕，年齡大約為32億年，而一些高低不平的高地中的岩石則相對較老，年齡約為46億年。

4. 月球和地球是近親

月球和地球這兩個星體是由一個共同的物質按照不同的比例分割而成。

月球岩石和地球岩石上氧化物同位素的驚人相似顯示，月球和地球可能來自於同一個祖先。然而和地球相比，月球上的鐵以及形成大氣和水所需的揮發性元素都衰竭了。

5. 月球上無生命跡象

月球上沒有活著的生物體、化石或者原產的有機化合物。從月球採集的樣品的測試中沒有找到任何過去或者現今的生物跡象。即使是非生物的有機化合物也找不到——這可能是源於隕石造成的污染。

NASA-S-69-3749

(a) Top and side view.

Figure 11-6.- Detailed view of lunar rock.

太空人對月殼的岩石分析報告

6. 月球岩石經過高溫形成

　　這些岩石的形成過程中幾乎與水完全沒有關係，可以粗略的分為三類：玄武岩，鈣長石和角礫岩。

　　「玄武岩」是一種黑色的火山岩，主要分布在一些月海之中。它們和地球海洋地殼的熔岩很相似，但年齡要老得多。

　　「鈣長石」主要分布在那些古老的高地之上，質量相對較輕。

　　「角礫岩」則是其他岩石在隕石跌落過程中被壓碎、混合後凝結而成。

7. 早期月球深處是「岩漿海洋」

　　月球高地表面含有一些早期的低密度的岩石，這是飄浮在「岩漿海洋」表面的一些岩漿殘留而成。月球高地是在大約44至46億年以前形成的，由飄浮在「岩漿海洋」表面的一些岩漿凝結而成，這部分的地殼有幾十千米厚。在地質時期無數的隕石落到月球上，熔掉了不少古老的岩石，並在月球表面形成了很多環形山脈。

8. 小行星在月球表面撞出大坑

　　一些巨大黑色的盆地其實就是受到撞擊後產生的巨大的火山口。這些都是在月球早期形成的，上面覆蓋的熔岩的歷史約

為3.2億至3.9億年。當月球火山活動時，大多會產生大量熔岩並向周圍蔓延。火山噴發還會產生橙色的沉澱物和純綠寶石顏色的玻璃珠。

9. 月球稍微不對稱

月球的體積結構稍微有些不對稱，這也許是由於它在演化過程中受到了地球萬有引力的影響。月球的外殼在遠側一方相對較厚。在靠近地球一側則有很多火山盆地，而且它的質量濃度要比遠側濃得多。

月球內部的質量濃度並不是均勻分配的。相對於它的幾何中心，月球質量的中心要偏向地球幾千米遠。

10. 表面被岩石碎片和灰塵覆蓋

這就是所謂的「月球風化層」，其中可以解讀出獨特的太陽輻射的歷史。這也是我們理解地球氣候變化的一個重要因素。

月球風化層是在地質時期由於無數的隕石衝擊而產生的。表面岩石和礦石中都飽含化學元素和由於太陽輻射而產生的同位素。按照這點，月球已經完整紀錄了40億年的太陽歷史，而這在別的地方是不大可能找得到的。

1969年登月騙局破綻大披露

　　1969年，美國人自稱已成功登月。當時消息一出，轟動全球。此後又成功登錄數次，有踏平月球的節奏，出人意料的是，美國不登月了，這一擱就是40多年。期間也有幾任總統提到過登月計劃，最後都不了了之。為何近半世紀以年來美國都甚少染指月球？難道真的是外界猜測的「世紀騙局」？

描述「美蘇爭霸」的政治漫畫

登月之謎
MOON LANDING CONSPIRACY

　　美國當初的確有撒謊的動機，首先那個時代的「美蘇爭霸」，雙方都需要用科技上的重大成果來證明自己制度的優越性，而「登月」自然是科技實力最頂尖的挑戰，所以美、蘇都拚命去奪取這個「第一次」。為了搶得先機，出此下策也是有可能的。

　　且不說美國登月是真是假，既然美國40多年前就能登月，為何現在卻不登了？

　　自前蘇聯解體後，美國的驅動力則完全不存在了，再者登月不但花費巨大，即使登上月球也做不了什麼，頂多就是採集點樣品、拍幾張照、記錄周圍地形和地貌的訊息，或者進行些月表試驗什麼的。其實宣傳意義遠大於實際意義的，花這麼多錢而沒有足夠的回報顯然是不划算的。也許不是美國登不了，是人家不願意登。

斯諾登：美國1969年登月造假

　　2013年8月1日，美國中央情報局（CIA）前職員斯諾登（Edward　Snowden）在俄羅斯獲得避難「自由」後第一時間通過Twitter（推特）發布信息：「我相信是俄羅斯首先探索月球」。

　　此前有英國媒體透露，斯諾登手中掌握有揭露美國1969年的登月造假的機密文件。這條推特恭維了俄羅斯，獻了一份大

禮，又貌似仍然遵守了普京關於斯諾登不得直接損害美國重大利益，才允許避難的要求。

8月1日，為美國「稜鏡計劃」（Prism）揭秘者斯諾登提供法律援助的俄羅斯律師庫切列納（Anatoly Kucherena）表示，斯諾登已獲得俄羅斯聯邦移民局提供的為期一年的臨時避難證件，目前他已離開機場前往安全的地方。

庫切列納在莫斯科謝列梅捷沃機場對媒體說：「我送斯諾登上了一輛普通的計程車，他已經獨自離開，去做自己的事情了。」庫切列納還向媒體展示了斯諾登避難證件的複印件，上面標註著有效期至2014年7月31日。

他同時表示，現在全球媒體沒有一家不想知道斯諾登身在何處，但出於對其安全的考慮，任何相關信息都無法透露，「因為我們知道他的人身安全明顯受到了威脅」。根據俄羅斯的法律，斯諾登獲得難民身份後，可以在俄羅斯境內自行選擇居

美國中央情報局前職員斯諾登

斯諾登（左二）與其律師庫切列納（右二）。

登月之謎
MOON LANDING CONSPIRACY

住地。

美國人宣稱40多年前登上了月球，一直引來眾多質疑。各國媒體和好事者紛紛要求美國出示登月證據。

1. 美國人此後再也沒有登月計劃；

2. 登月火箭返回艙據稱找不到了，連圖紙都找不到了；

3. 登月當事人多年一直被封口，不接受採訪；

現在各國掀起探月高潮，眼看就可以印證美國人登月的真相。這個時候，美國宇航局宣布當初插在月球上的第一面美國「星條旗」已經不見了。難道是被外星人掠去了？

在月球插上的第一面美國國旗已失蹤

美國據稱曾於40多年前先後六次登上月球，每次都會插上一面國旗。

美國航天局的月球勘測軌道飛行器照相機最近發回了一組新照片，科研人員根據這些照片分析認為，除了一面美國國旗不見了之外，其餘五面星條旗都還插在月球的表面。

1969年7月，「阿波羅11號」太空船載著三名太空人飛往月球，其中岩士唐與艾德林成功登上月球，首次實現人類踏上月球的理想。此後美國又相繼六次發射「阿波羅號」太空船，其中五次成功，最後一次登月時間為1972年12月14日。

每批執行「阿波羅號」任務的太空人都會在月球上留下一

面美國國旗，迄今為止，月球上共被插上了六面美國國旗。40多年後，美國航天局使用月球勘測軌道飛行器照相機搜尋月球上的美國國旗蹤影，結果發現了五面美國國旗及其投射在月球表面的陰影。

科研人員馬克‧羅賓遜說，從照相機發回的照片來看，「『阿波羅11號』那次任務插上的旗幟已經不見了，其餘五次任務留下的美國國旗都還在原地，能看到國旗投射在月球上的陰影。」

美國據稱先後多次登上月球，每次都會插上國旗。

登月之謎 MOON LANDING CONSPIRACY

斯諾登再證陰謀論：認為美國從未登月

隨「阿波羅11號」登月的太空人巴艾德林稱，他們在插國旗時一直擔心它插不牢，會在電視直播中歪倒在月球表面上。最後，這面國旗的確是倒下了，當太空人駕駛「鷹號」登月艙飛離月球時，就眼睜睜看到引擎強大的衝擊波將這面美國國旗「刮」倒在地。

此前宇航局有科學家認為，由於可怕的太陽紫外線，再加上這些美國國旗使用的是尼龍材料，所以隨著時間流逝，月球上的美國國旗可能早就粉身碎骨，化為灰燼了。

但當時這面看起來像在微風吹拂下飄揚的旗子，卻成了人類是否真的登上月球的最大疑點。據美國航天局當年負責登月項目的工程師湯姆·莫澤（Major Tom）介紹說，太空人們原本打算用機械臂把綁在梯子上的國旗展開，但在實施過程中出現意外，國旗並沒有按計劃展開；太空人不得不用手頭的工具設法把國旗展開，卻不小心把國旗上的纖維絞纏在了一起，這樣就給正在觀看電視的人們造成了美國國旗在月球上輕微飄動的錯覺。

1969年美國是否登月又招質疑聲

「這是我個人的一小步，但卻是人類的一大步。」登月第一人、太空人岩士唐登月時留下的這句名言，記錄了人類外太

空探索的偉大成就。據美國媒體此前報道，這位「登月第一人」已靜靜地逝去，享年82歲。岩士唐走了。他的名言永載史冊，他的月球腳印千古存留。然而，美國人1969年究竟登月是否一直是人們所關注的問題。隨著岩士唐的去世，如今這個話題又成了人們輿論的焦點。

偽造照片紀錄片欺騙世人

俄羅斯研究人員亞歷山大‧戈爾多夫（Aliaksandr Godunov）曾發表一篇題為《本世紀最大的偽造》的文章，在文章中他對美國1969年首次拍攝的登月照片提出質疑。他在該文中說，美國數十年前向全世界展示的所謂美國宇航人員在月球上拍攝的所有照片和電影紀錄片都是在荷里活電影攝影棚中偽造出來的。戈爾多夫還強調，他是經過對所有登月照片進行長期地認真地科學分析和認證之後作出這一結論的。還有曾經在阿波羅計劃中工作過的比爾‧凱恩（Bill Kaysing）也提出了質疑，他甚至寫了一本名為《我們從未登上月球》（We Never Went To The Moon）的書。

但同時，也有一些人發表了與戈爾多夫不同的觀點，對他的質疑進行了反駁。這張照片是真是假？美國登月是真是假？現在已經有2,500萬的美國人認為阿波羅登月計劃是一個騙局，而美國國家宇航局（NASA）對此卻不發一言。

　　戈爾多夫在《本世紀最大的偽造》中認為，美國太空人當時確實接近了月球表面，但是由於技術原因，未能踏上月球。由於美國急於向全世界表功，便偽造了多幅登月照片和一部電影紀錄片蒙蔽和欺騙了世人幾十年。

　　他強調，自己是經過對所有登月照片進行長期地認真地科學分析和認證之後作出這一結論的。他説，美國著名工程師拉爾夫‧勒內、英國科學家戴維‧佩里和馬里‧貝爾特都對他的這一質疑表示贊同。

《我們從未登上月球》對美國是否曾經登月提出質疑

《我們從未登上月球》作者比爾‧凱恩

被質疑理由多多

戈爾多夫的質疑主要有如下六點理由：

1. 電影紀錄片中那面插在月球地面上的美國星條旗在迎著強風飄揚顯然是偽造的，因為月球上不存在大氣，也就是說，月球上根本不可能有風，把美國國旗吹得飄起來；

2. 在所有登月照片和電影紀錄片中，沒有一張能在照片或電影紀錄片的太空背景中見到星星；

3. 在月球上被「拍攝」物品留下影子的朝向是從多種方向的，而太陽光照射物品所形成的陰影只能是一個方向；

4. 在所有登月照片和電影紀錄片中，找不到一張有美國太空人在月球著陸的作品；

5. 從電影紀錄片中看到太空人在月球表面行走猶如在地面行走一樣，實際上月球上的重力要比地球上的重力小六倍，因

有指月球上因不存在大氣，月球上根本不可能有風，把美國國旗吹得飄起來。

宇航員在太空上拍攝的照片和紀錄片中，都沒發現星星。

而人在月球上每邁一步就相當於人在地面上跨躍了五至六米長的一步；

6. 登月儀器在「月球表面移動」時，從登月儀器輪子底下彈出的小石塊落地速度也同地球發生同一現象的速度一樣，而在月球上這種速度應該比在地球上快六倍。

至於曾經在「阿波羅計劃」中工作過的比爾‧凱恩寫了一本名為《我們從未登上月球》的書，他的主要論點如下：

1. 在沒有大氣折射的月球上看星星應該更加明亮清晰，可在登月照片上作為背景的太空上看不到一顆星星。

2. 在有些登月照片上，近景與遠景之間有一條不易覺察的線，使人聯想到電影特技中的「褪光掃描法」，即畫出遠景，然後用光和影來遮擋。

3. 登月照片中光線有問題。它不像陽光普照大地，而像攝影棚內的人工光源。

「登月」拍到的相片，影子是朝多種方向。

太空人在「登月」時的步姿跟在地球上行走時相似。

以著名物理學教授哈姆雷特為代表的人士均肯定「騙局論」，他們認為阿波羅登月造假的依據有：

　　1. 阿波羅登月照片純屬偽造。根據美國宇航局公布的資料計算，當時太陽光與月面間的入射角只有六至七度左右，但那張插上月球的星條旗的照片顯示，陽光入射角大約接近30度。照片中出現的陰影夾角應該在「跨出第一步」後46小時才可能得到。

　　2. 阿波羅登月錄影帶在地球上攝製通過錄像分析，太空人在月面的跳躍動作、高度與地面均近似，而不符合月面行走時的特徵。

在運送途中的「土星五號」

登月之謎
MOON LANDING CONSPIRACY

3. 月面根本沒有安裝雷射反射器。根據美國某天文台的數據可以計算得知，現在在地球上用雷射接收器收到的反射光束強度只是反射器反射強度的1/200。其實，這個光束是由月亮本身反射的。也就是說，月球上根本沒有什麼雷射反射器。

4. 阿波羅計劃進展速度可疑。美國直到1967年1月才研製出第一個「土星五號」，1月27日做首次發射試驗，不幸失火導致三名太空人被熏死。隨後登月艙重新設計，硬體研製推遲18個月，怎麼可能到1969年7月就一次登月成功呢？

5. 溫度對攝影器材的影響。月面白天可達到121°C，據圖片看，相機是露在太空衣外而沒有採用保溫措施的。膠卷在66°C就會受熱捲曲失效，怎麼拍得了照片？此外，火箭會在地面造成坑紋，但登月宇宙太空船的火箭並沒有在月球地面留下坑紋；宇宙太空船降落月球時，降落位置一帶的泥塵應被引擎噴氣全數吹散，但航天員仍能在泥塵上，留下一個深深的腳印。

6. 光明和黑暗只能選擇其一。在所有質疑的聲音中最強的是：為什麼所有阿波羅登月照片上都看不見燦爛的星空？有過夜間攝影經驗的人都會有這樣的體會：一拍攝晴朗的月亮，大概的曝光組合為F5·6/ 1/ 2 1秒/ ISO100°C（視大氣能見度而定），這時夜空中的星星在底片上是不會留下痕跡的。

7. 除了熱核爆炸無法模擬太陽光。關於登月照片中有用特技處理作假的說法，也是質疑者普遍的疑點之一。

看登月照片，如布置場面如此之大的人造環境，其影棚的面積至少需要5,000平方米以上，而且還不止一個，因為月面的環境是360度的。

陽光也是非常難模仿的。在地、月的位置上陽光是照度「無限」均勻和極其明銳的。要達到這兩個指標，應該説在人類現有文明程度下，除熱核爆炸瞬間產生的光強度外，還沒有功率如此強大而又可安全使用的照明器。如果有人説可用電腦特技合成，那麼據公眾所知，20世紀60年代末，電腦的多媒體技術還根本沒有出。即使我們假設美國人當時就用了現代非常成熟的三維圖象軟體技術作假，要想做得完美無瑕，也非易事。

「登月之謎」定會水落石出

這些人士認為，對以上這一切美國政府一直沒個交代，而知情者由於擔心生活和安全受到影響，甚至可能直接遭到了脅迫，至今對此沉默不言。

「陰謀理論家」凱盛在有關節目中甚至指，當年「阿波羅1號」發生火災，燒死三名航天員其實不是意外，而是因為其中一位航天員想

「阿波羅1號」曾發生火災

向世人傳媒爆出登月的「真相」，因而被殺害。

　　為何太空總署要假造登月任務？節目中的推論是，當年美蘇冷戰，美國太空科技落後於前蘇聯，因此要以假亂真，重振聲威。

　　節目指當年總統尼克遜向前蘇聯提供廉價小麥援助，以換取前蘇聯不道破真相。

　　隨著人類的進步和科技水平的提高，相信不久的將來，誕生於美蘇太空競賽年代的「登月之謎」定會水落石出。

美國舉行國葬哀悼三名喪生的航天員

陰謀背後
更多未解之謎

　　最近的民調顯示，大約有20％的美國人認為美國從未登上月球。阿波羅任務結束後，我們為什麼就再也沒回去過？為什麼只有在尼克遜任期內人類登陸月球？「水門事件」後大多數人都不願意相信這位狡猾的小迪克的糊弄，說什麼美國在冷戰中名利雙收的鬼話。

　　在本文中，筆者列出了一些證據表明登月可能是個騙局。作者試圖在考慮了NASA提供的解釋的情況下為每一條都提供一個客觀的視角。

登月之謎
MOON LANDING CONSPIRACY

謎團一：丟失的數據

正如我們現在知道的，「阿波羅」計劃中所用機器的設計圖紙丟失，包括有首次繞月飛行的遙感資料，以及高質量視頻資料的「阿波羅11號」太空船數據帶丟失，而且有證據表明，「阿波羅」計劃失蹤的數據帶上還有更多的信息。

大衛・威廉姆斯博士（Dr. David Williams）——戈達德航天中心（Goddard Space Flight Center）的「NASA檔案保管人員」——和「阿波羅11號」飛行指揮官吉恩・克蘭茲（Gene Kranz）都承認，「阿波羅11號」太空船的遙測數據帶丟失，但登月騙局説法的支持者們認為，這或許意味著這些數據帶根本就不存在。

Gene Kranz承認「阿波羅11號」太空船的遙測數據帶丟失

謎團二：消失的著陸坑

有人指出，如果NASA真的登月了，在登月艙著陸時下面會出現一個著陸坑。但在任何登陸的錄像或者照片中，卻都找不到一個坑洞，登月艙更像是被整個放在了那裡。同時月球表面覆蓋著細小的月球塵埃，但這在影象資料上基本看不到。

同國旗的問題一樣，消失的著陸坑有著一大堆的解釋。NASA主張的是登月艙在低重力環境下著陸需要的推力要比在地球上小得多。月球的表面本是堅硬的岩層，所以很可能無法觀察到一個明顯的著陸坑——就像一架飛機在混凝土跑道著陸時也不會留下一個大洞。

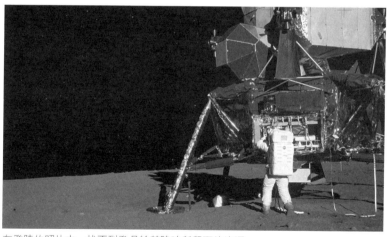

在登陸的照片中，找不到登月艙著陸時所留下的坑洞。

謎團三：范艾倫輻射帶

　　為了抵達月球，太空人必須經過一條「范艾倫輻射帶」（Van Allen radiation belt，指在地球附近的近層宇宙空間中包圍著地球的大量帶電粒子聚集而成的輪胎狀輻射層，由美國物理學家占士‧范‧艾倫（James Van Allen）發現並以他的名字命名）。

　　輻射帶受地球磁場控制永遠保持在同一個位置。阿波羅登月標誌著有史以來人類第一次將活人送出了這條輻射帶。陰謀論者爭論說，儘管有飛船內外都有鋁塗層，但輻射的強級幾乎能把太空人在前往月球的途中煮熟。

　　NASA已經反駁了這種說法，強調太空人在很短的時間內就穿越了輻射帶，所以只遭到了輕微輻射。

美國物理學家占士‧范‧艾倫

占士‧范‧艾倫曾經登上《時代》雜誌封面

謎團四：太空人頭盔上的反射

　　登月照片公佈後，理論家們很快就注意到一個神秘的東西——在「阿波羅」任務中太空人頭盔上的反射。這似乎是完全沒理由出現在那的一根掛著的繩子或者電線，讓很多人認為這是一個在電影棚中經常見到的聚光燈。

　　因為圖像質量太差，這一猜測仍存在疑問，但謎團依然存在：為什麼會有東西懸浮在月球的半空中（幾乎沒有空氣）。從登月艙的其他照片中似乎都沒有東西從它上面伸展出來，所以這至今仍完全無法解釋。

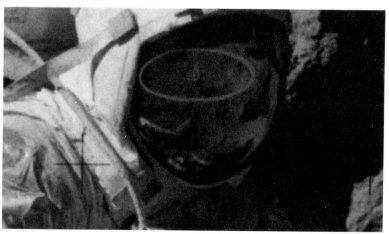

太空人頭盔上的倒影（圓圈所示）令人對是次登月產生質疑

登月之謎
MOON LANDING CONSPIRACY

謎團五：The「C」rock

登月中一張前景中有一塊岩石的照片非常有名，似乎有一個字母「C」被刻在了上面。這個字母看上去完全對稱，不太可能是自然產物。有人認為這塊岩石完全是劇組人員用作標記的一個道具。佈景設計者可能安排錯了這塊岩石的位置，不小心被攝像機拍下了這個標記。

NASA對這個字母的解釋自相矛盾，一方面指責説加入這個字母是照片處理商的惡作劇，另一方面解釋説這或許是在探索過程中掉落並纏在什麼地方的一根毛髮。

圖為據稱是一個寫有英文字母「C」字的月球岩石

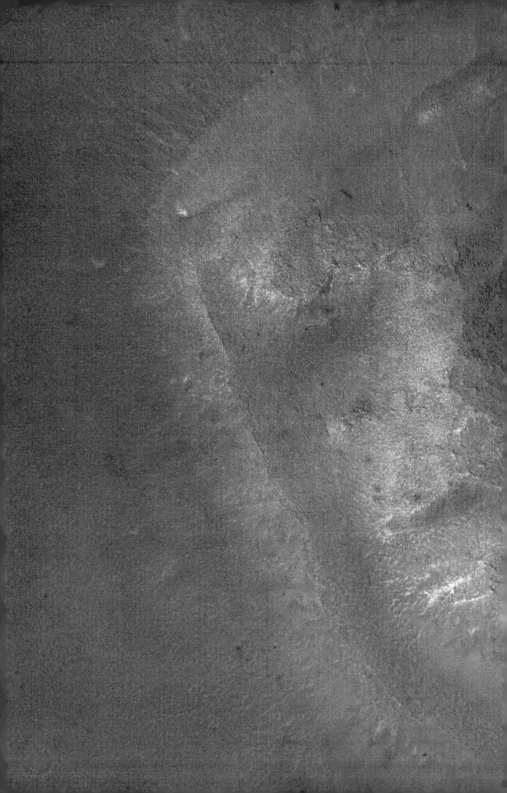

CHAPTER TWO
外星解禁

電視節目總愛誇張失實，就連兒童動畫、歷史劇都

不能倖免，到底真相是怎樣的呢？

迷信還是科幻？
上帝是外星人

　　有些人在《聖經》中，發現了上帝一些令人難以理解的特性。這不禁使人懷疑祂是神，還是擁有高度智慧的外星人？

上帝是神還是擁有高度智慧的外星人？

按照《聖經》的描述，上帝應該是獨一無二的神。然而在「舊約」《創世紀》第一章卻寫道：「上帝說，我們要照著我們的形象，按著我們的樣式造人。」同篇第六章寫道：「當人在世上多起來，又生女兒的時候，上帝的兒子們看見人的女子美貌，就隨意挑選，娶來為妻。」隨後又說：「後來上帝的兒子們和人的女子們交合生子，那就是上古英武有名的人。」

以上不禁令人懷疑：上帝既然是獨一無二的，為什麼在說到其形象時，卻使用了「我們」這樣的複數名詞？難道還有其他若干個與上帝形象相同者存在？抑或上帝不止一人，而是一個群體？而那些「上帝的兒子們」又是一些什麼人呢？是不是上帝也有家庭，也有以家庭為核心的繁衍方式？

從《聖經》的記載來看，上帝不僅並非萬能，而且不甚仁慈。只因祂對自己造人的行為相當懊悔，後來更不惜製造一場大洪水，把除挪亞一家外的人類統統消滅掉，後來又不惜使用核武器，把所多瑪與蛾摩拉兩座城市的人和一切活物毀滅殆盡。凡此種種，都顯示了上帝發脾氣的一面。

近年來，以德國作家馮丹尼肯為代表的一些外國學者，對《聖經》中的種種疑問，提出了一種大膽的假設。

他們認為，《聖經》中的上帝，實際上掌握了高度科學技術與文明的外星人。在遠古時代，當地球上的人類還處於「似人非人」的猿人階段時，某個外星智慧生命的飛船降臨地球，

但地球上的空氣或地心引力等某些方面並不太適合他們居住。為了使他們的生命能在地球上延續，他們決定採取雜交的方法，創造出一種適應地球生活的智慧生物。於是他們選擇了地球上精力旺盛、智力較高的雌性猿人為對象，使她們受孕。這就是《聖經》中上帝造人與人神雜交的神話的真正起源，也是上帝談到自己形象時出現「我們」這樣的複數的真正原因。

　　根據這種觀點，上帝從亞當身上抽出一根肋骨造成夏娃的神話，也被解釋為實際上是一次利用基因「複製」生命的外科手術。對掌握了高度科學技術的外星人來說，做一次這樣的手術是毫不困難的。

上帝對自己造人的行為相當懊悔，後來更不惜製造一場大洪水，把除挪亞一家外的人類統統消滅掉。

德國作家馮丹尼肯

上帝從亞當身上抽出一根肋骨造成夏娃

　　但是外星人們對這些雜交繁衍出的人類並不滿意，為了預防這些原始人類倒退回獸類的危險，於是他們多次採取措施，透過淘汰不理想的品種，保留優良品種。大洪水與挪亞方舟的故事，就是一次外星人導演的最大規模的淘汰措施；用核武器毀來所多瑪和蛾摩拉，則是另一次較小規模的淘汰措施，類似的小型淘汰措施可能進行過多次。

　　他們的這些觀點，遭到教會方面的強烈反對，也不為正統的科學界認可，因為這些觀點確實帶有很大的臆測成分，缺乏可靠的證據。但是，對於解讀《聖經》中的上帝形象的疑問，它是否也為我們提供了另外一種思路？

遙望星河故鄉
人類源自金星

　　近年學者提出的太陽「核-殼」式結構假想，他們認為太陽熱核反應不是發生在內核，而是在周邊。據此，他們對九大行星運動、埃及大金字塔之謎提出新的見解，並指出人類來源於金星，並將向火星移民。

人類來源於金星？

愛因斯坦

　　權威理論認為，太陽巨大的能量來源於在其核心不停發生的熱核反應，但該理論也存在一些漏洞，其中最突出的就是科學家觀測到的中微子，是只有理論上計算出的三分之一。

　　部分學者對此進行修正後認為，太陽核心處於低溫固態，太陽輻射能全部來源於太陽殼廳。這一結構不僅與現代天文觀測結果相符，而且能很好的解釋中微子失蹤之謎，此外最有意義的還在於他們據此對人類文明得出的一些推斷。

　　根據愛因斯坦的質能方程式，能量的產生需要消耗質量，由於太陽外層質量有限，因此它就靠不斷吸收行星的質量來保證持續不斷地產生能量，由此就有了九大行星的對日躍遷。即九大行星的運行軌道不是千古不變的，它們會以十億年為週

期，向鄰近的內層行星軌道發生躍進。

舉例來說，金星曾經位在地球目前所處的運行軌道上，而地球以前則在火星現處的軌道上。這也可以解釋為什麼地球上有地質巨變，冥王星為什麼又是最小的一顆行星。

天文觀測結果表明，金星在歷史上曾經存在海洋，另外有兩萬多座城市的殘骸。種種跡象都說明，金星在歷史上曾經有類似人類的生命存在。

根據行星對日躍遷論，這一點可以得到很好的解釋。由於地球所處的運行軌道最適合人類生存，而金星以前就處在目前地球所在的運行軌道，因此有生命存在是正常的，目前地球上

有指金字塔是金星向太陽躍遷過程中的倖存者造就的史前文明

登月之謎
MOON LANDING CONSPIRACY

的生命即是從金星上來的。而隨著下一次軌道躍遷的到來，火星將代替地球變得適合人類居住。

行星對日躍遷是人類的一種災難，金字塔就是金星向太陽躍遷過程中的倖存者造就的史前文明。這些倖存者是在地球上的最早居民，瑪雅人就是金星人的後裔，他們是金星文明的遺產。

瑪雅人為了使其後裔吸取金星人類隨金星對日躍遷而遭全部毀滅的悲慘教訓，就在全球範圍內用最不易毀滅的巨石修建了金字塔。由於他們已經具有了相當高的文明，因此在金字塔中出現眾多的天文奇觀和巧合也就不足為怪了。

這些專家表示，他們無意推翻傳統的理論，只是根據自己掌握的物理學、天文學和哲學知識進行理論修正。希望能對專家學者有所幫助，並希望他們通過實踐去證實它們。

專家在掩飾
火星上的神奇現象之謎

　　火星在太陽系中離地球較近。它曾有過海洋、河流，還有和地球一樣的大氣層。它是一個充滿著神奇與奧秘的淨土。從19世紀起，它就吸引著天文學家的注意。踏入太空時代，人類對火星上的觀察更前進一大步。美國、前蘇聯（今俄羅斯）就曾向火星發射過多種衛星，進行認真和仔細的觀察。

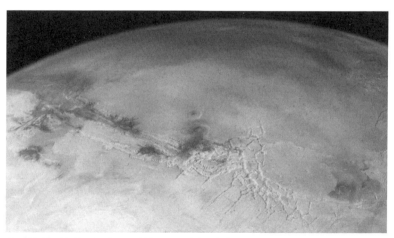

火星曾有過海洋、河流，還有和地球一樣的大氣層，是一個充滿著神奇與奧秘的淨土。

如今的火星是一顆既冷又荒涼的行星，表面溫度在攝氏零下60度。即使有水份存在，也永遠保持著冰凍狀態，加上空氣稀薄、缺乏臭氧層，致使紫外線直接射入星球地面，使任何生物難以生存——這是科學家們堅信不移的。

火星上有生命？

不過，近年美國有科學家斷言；他們從火星上的一塊隕石中，發現了火星上存在生命的確切證據。美國太空總署「詹森航太中心」（Johnson Space Center）一個研究小組在大衛・夢凱博士的領導下，利用一部光學顯微鏡和一部功能強勁的掃描電子顯微鏡對火星隕石進行研究，發現火星上細菌的礦化殘留物體積，與地球上發現的細菌相似，這點是證明火星上有生命存在的新證據。

美國太空總署「詹森航太中心」

1994年，美國發射的「火星觀察者號」（Mars　Observer）
準備在火星上作實地考察，但在進入火星軌道時卻突然失蹤。
俄羅斯近年發射了多枚火星探測裝置，只有兩枚在火星上著陸
成功。就在美國「火星觀察者號」失蹤的前13天，將拍攝的兩
張震驚世界的照片傳回地球：一張是火星上一座巨型人頭雕像
（是從火星上空另一個角度近距離拍攝），但另一張更令科學
家們百思不得其解，因為照片上竟出現一隻巨大無比的魚形太
空生物！它長著一條鯨魚般的大尾巴、扁圓狀身軀，並擁有金
魚一樣的大眼睛，張著三角形的大嘴，背景上充滿著大大小小
閃爍著的宇宙星光。

　　美國太空署的專家們認為：在對火星的考察進入關鍵時，
發生「火星觀察者號」失蹤和地面接收到它發回的「太空魚

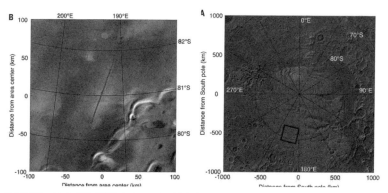

雷達讀數（左）顯示湖的存在，以及其在火星以及它在火星南極高原（右）上的位
置。由於有水份的存在，於是就可作為火星有生命存在的輔助說明。

登月之謎
MOON LANDING CONSPIRACY

怪」照片兩件事並非偶然。更有人認為：「火星觀察者號」的神秘失蹤，可能是火星上的智慧生物將它擊落。「太空魚怪」可能是由火星上的智慧生物製造的一種用特殊動物外貌作偽裝的大型宇宙星際母艦。

獅身人面像

早在1980年代，美國太空總署的科學家們研究「海盜號」和「維京一號」火星觀察衛星發回地球的數千張照片。科學家們在照片上發現多張矗立在火星上的巨大獅身人面像。研究人員用電腦處理了兩張不同角度拍攝的火星照片，結果清晰地顯示人像的眼球，和半張著嘴巴的牙齒。

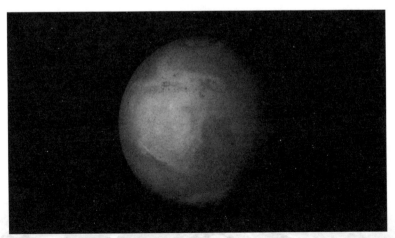

「火星觀察者號」拍到的火星外貌

電腦精確地算出獅身人面像的大小，從頭頂到下巴為長1.5公里、寬1.3公里。要製造出這樣巨大的塑像，相信只有高智慧生物才能辦到。

　　俄羅斯的火星觀察衛星也拍攝到巨大的獅身人面像。該國的著名太空學者阿溫斯基博士向記者們展示了幾張從火星觀察衛星上發回的照片。就在巨大的獅身人面像七公里處，有11座金字塔，當中四座大的、七座小的，驟眼看來簡直是一座城市。

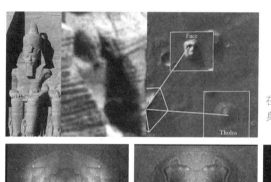

在火星上發現的疑似「獅身人面像」

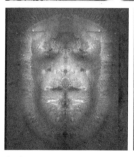

在火星上發現的奇怪圖案

登月之謎
MOON LANDING CONSPIRACY

經過電腦的整理分析，在金字塔附近有19座建築物，還有道路和奇怪的圓形廣場。建築物的尺寸都很巨大，最大中央金字塔幾乎相當於埃及最大的河普斯金字塔的10倍！直徑達一公里的圓形廣場究竟是什麼？是太空船發射基地，還是加速器試驗場？但有一點是無容置疑的，這座城市已荒廢了許多年，如今已無人居住。

瀟灑的男性俊臉

美國太空署的科學家們在「維京一號」火星觀察衛星發回的數千張的火星照片上，發現了幾張巨大無比的「人臉」像，非常清晰。照片上顯示著一個人的面部：眼睛、眉毛、頭髮、嘴唇和鼻子都十分清楚，就連兩個鼻孔都能清楚看見。這是一位長相英俊、瀟灑的男性臉，因為它的嘴唇上有鬍鬚。這張照片的出現，不能不引起美國科學界的震動。

火星觀察衛星發回的火星照片上，發現多個的「人臉」像。

「人臉」像的放大圖

火星是個早已變成一片荒漠的世界。那裡沒有空氣、水，氣溫低得不可能使任何生物存活著。據計算這「人臉」的面積約有100平方公里。這樣大的巨幅「人臉」像又是誰造的呢？又是怎樣造成呢？因此，有些科學家懷疑，這些「建築物」、「人臉」照片是有些人惡作劇偽造出來，通過美國太空總署的太空微波接收網路傳來，目的是故意開玩笑，讓科學家們震驚和胡亂猜測。

　　為此，美國太空總署在1989年聘請了一些優秀的電腦專家，對「人臉建築物」照片作分析、鑒定，讓人識別真偽。美國著名電腦專家薩姆蘭爾教授利用最新的電腦繪圖技術，對「人臉建築物」、「獅身人面像」等照片進行分析，確定了這些照片確是從「海盜號」和「維京一號」火星觀察衛星上發回來的。

　　此外，還發現「人臉」、「獅身人面像」、「建築物」照片，並非光影上的錯覺，而是一個個龐大的實體！布蘭登博士認為：那些「人臉」、「建築物」照片是數百萬年前，曾在火星上出現過文明的一個標誌。雖然那個文明顯然已在火星上消失，但它卻留下了永恆的標誌。

　　奇怪的是從1992年9月開始，從火星上拍回的照片，那張「人臉」突然消失，變得無影無蹤了。此事使「火星文明之謎」更蒙上神秘的色彩：為什麼圖像會忽隱忽現呢？

1997年7月4日，美國「火星探測者號」探測器在火星著陸，當時數百萬名美國電視觀眾坐在電視機前，焦急地等待「火星探測者號」從火星上傳回震驚世界的新發現。

但令人遺憾的是，「火星探路者號」在火星著陸和「外來者號」漫遊車在火星上行駛的鏡頭雖已向觀眾發放，但另外一個震驚世界的場面並未向觀眾們播出。

火星版挪亞方舟

「外來者號」漫遊車上的攝影機鏡頭上，清晰地出現了一艘酷似地球上的「挪亞方舟」的高大船體，它半埋在一片沙灘上。

美國太空署的科學家們立刻接到一道嚴格的命令：「在官方當局尚未決定向社會公眾發佈這一令人絕對難以置信的、震驚世界的新聞之前，必須守口如瓶！」

然而，美國太空總署一名工作人員卻把這張「火星挪亞方舟」照片，轉交給天文小組的負責人。這位天文學家認為：由美國「火星探測者號」發回的「火星挪亞方舟」照片，是昔日火星上曾發生巨大洪水、天然災害悲劇最有力的佐證。這場大洪水給火星上的智慧生物帶來巨大災難。

1997年7月間，美國「火星探測者號」探測器在火星上登陸，並由「外來者號」火星漫遊車對火星的考察發現：火星的

過去和地球一樣有空氣、河流、海洋，能維持生命的存在與發展。

　　如今火星是一片荒漠、空氣稀薄、沒有水、日夜溫差極大，令任何生物都無法生存。火星上的智慧生物要麼離開，到火星附近的星球上死去，要麼火星人依靠自己的智慧潛居於地下，建造地下獨立的生活圈。他們可利用太陽能、核能燃料等各種能源，建造地下的山川，河流、動植物生物莊園。那裡完全可以綠樹成蔭，百花齊放，有城市和鄉村，這是一項十分巨大的工程，需要火星人數千年的精力。

　　可想而知，如果確有火星人的存在，他們在太空技術，無線電技術、建築、光束、能源、環境生存等科技領域，將遠遠

如果確有火星人的存在，他們在太空技術等多個科技領域將遠超人類水平。

登月之謎
MOON LANDING CONSPIRACY

超過地球人類的水平。

　　美、俄兩國科學家們一致認為：火星變成一片荒漠，失去大氣層的過程是十分緩慢的，它是慢慢毀滅的，從一個有河流、海洋、四季氣候的行星，變成一個冰冷的不毛之地。這就是說：如今發現的這些火星上的建築物是在數百萬年前，由火星人建造的。

　　如今科學家們尚未清楚，這些獅身人面像、金字塔是用什麼材料建造——能維持數百萬年不變。由於塵暴，5,000至10,000年內道路本來會消失得無影無蹤，可是從道路上看，照片上清楚地顯示，道路鋪得平整寬闊，有的道路甚至故意修得繞過隕石坑。

　　為什麼道路數百萬年沒給塵暴埋沒？這說明火星人當年的建築技巧已經十分高超。

　　要破譯「火星之謎」，尚有待科學家們登上火星實地考察。美國計畫在2020年派人登上火星，在火星上建立地球人類基地，仔細深入考察火星，希望能取得成功。

地球的永恆老伴
月球存在的秘密學說

　　太空人登陸月球後，人們知道月球表面是一片荒涼的沙漠，只有無盡的太空塵埃，空蕩蕩的。不過，你知道嗎？登陸月球後一些鮮為人知的發現，反而使科學家對於月球的起源更加迷惑。

太空人登陸月球後的一些發現，反使科學家對月球的起源更感迷惑。

登月之謎
MOON LANDING CONSPIRACY

自從「阿波羅11號」登陸月球後，人們對於月球的神秘感似乎降低了。以往，人們在中秋節舉家團圓，吃著月餅的時候，抬頭一看天上的明月，心中不免對它感到好奇與疑惑。好奇的是月亮上究竟有什麼？疑惑的是這個月亮是哪裡來的呢？

宋朝文學家蘇東坡的《水調歌頭》最能表達中國人對於月亮的好奇與憧憬：「明月幾時有？把酒問青天。不知天上宮闕，今夕是何年？」

目前科學家對於月球的了解已超越當年未登陸月球前的想像，這些新發現的證據可以使人們打開新的思維，重新認識與思考自己與生命的起源。

肉眼可觀察的有趣現象

自古以來世界各個民族的天文學家對於月球都進行了長期而充分的觀察。月亮的圓缺盈虧，除了是詩人吟誦的對象外，更是中國人農耕的重要參考指標——中國的農曆就是以月亮運行週期28天為基礎的曆法。

很久以前，人們就發現一個很有趣的事實：月亮老是用同一面對著我們，這是為什麼呢？經過長期的觀察，人們發現月亮會自轉，而自轉的週期剛好跟它繞著地球轉的週期是一樣的，所以不管月球跑到哪裡，我們在地球上看到的月亮都是同一面，月兒上的陰影總是同一種。人們還注意到月球的大小跟

太陽看起來是一樣大的。太陽與月亮感覺起來是一樣大的，那麼實際上是不是真的一樣大？

古時的人常常觀察到一種奇異的天象，稱為「天狗食日」，在這個時候會有一個黑色的天體把太陽完全遮住，一個大白天突然變成黑夜、繁星點點，就是現在科學家說的「日全蝕」。日全蝕的時候我們看到的黑色天體就是月球，月球的大小剛剛好可以把太陽遮住。也就是說，在地球上看，月球跟太陽是一樣大的。

後來天文學家發現，太陽距離地球的距離剛剛好是月球距離地球的395倍，而太陽的直徑也剛剛好是月球的395倍，所以

蘇東坡的《水調歌頭》，最能表達中國人對於月亮的好奇與憧憬。

在科學昌明的今日社會，仍然流行「天狗食日」的說法。

日蝕過程

在地面上看到的月亮，就恰恰好跟太陽一樣大了。

地球的直徑是12,756公里，月球的直徑是3,467公里，月球的直徑是地球直徑的27%。科學家把圍繞行星旋轉的星體稱為「衛星」，太陽系中的比較大的行星都有自己的衛星。在九大行星之中有些行星體積很大，例如木星、土星等等，它們也有衛星環繞著，它們的衛星的直徑比起行星本身往往很小，只有幾百分之一，所以像月球那樣大的衛星，在太陽系中是很特殊的。

這些數據上的巧合使得有些天文學家開始想一個問題：月球是天然形成的嗎？

比地球岩石更古老的月岩

　　1969年「阿波羅11號」太空船登陸月球後，科學家再也不用遠遠地望著月球了，太空人在月球表面上採集岩石標本，放置測試儀器，對月球的結構可以收集更深入的數據做分析。

　　科學家首先對於採集到的岩石進行年代分析，他們發現月球的岩石非常古老，有許多岩石的年代甚至超過地球上最古老的岩石。根據統計，99%的月岩年齡超過地球上90%的古老岩石，計算出的年代是43至46億年之前。

　　至於月球表面的土壤分析，專家發現它們的年代也非常古老，有些甚至比月球岩石的時間還要提前10億年。目前科學家推測的太陽系形成時間大約在50億年左右，為什麼月球表面的岩石與土壤會相差這麼長的歷史？專家也認為難以解釋。

月震實驗證明月球是空心的

　　另外，測量月球表面震動的實驗，也可以從別的方面說明月球的結構。

　　登陸月球的太空人要出發回到地球之前，會駕駛登月小艇飛離月球表面。當與返回地球的太空艙結合後，登月小艇便被拋棄至月球表面。設置在72公里外的地震儀測得月球表面的震動，這個振動持續超過15分鐘，就像用錘子用力地敲擊大鐘一樣，振動持續很長時間才慢慢消失。

登月之謎
MOON LANDING CONSPIRACY

　　舉個例子，當我們用力敲擊一個空心的鐵球時，球體會發出嗡嗡而持續的振動。相反，當敲擊實心鐵球時，卻只會維持短暫的振動，時間不長就停止了。這個持續振動的現象讓科學家開始設想月球是否空心。

　　一個實心的物體遭受撞擊時，可以測出兩種波：一種是「縱波」，一種是「表面波」，而空心的物體只能測到表面波。

「縱波」是一種穿透波，可以穿透物體，由表面的一邊經過物體中心傳導到另一邊。「表面波」如同它的名字一樣，只能在極淺的表面傳遞。但是，放置在月球上的月震儀，經過長時間的記錄，都沒有記錄到縱波，全部都是表面波。根據這個現象，科學家非常驚訝地發現:月球是空心的！

科學家將由太空人在月球上採集到的岩石標本作進一步研究

包著金屬殼的月球

　　不知你是否發現：平常看月亮都會有一塊塊黑黑的影子，這就是科學家所稱的「黑影區」。當太空人拿起他們的電鑽，想鑽出一個洞時，他們發現挺費力氣的，雖然鑽了很長時間，仍只能鑽進去一點點。

　　這就奇怪了！星球的表面不都應該是由土壤與岩石構成的嗎？雖然有一點硬，但也不至於鑽不進去呀！仔細地分析這塊區域的地表組成成分，發現大部分是一種很硬的金屬成分，就是用來建造太空船的鈦金屬。難怪會這麼堅硬了，所以月球的整體構造可以說就像是一個空心的金屬球。

　　這個發現讓一個長久以來困惑專家的問題有了解答：月球上的隕石坑數量非常多，但奇怪的是，這些坑洞都相當的淺。科學家推算一顆直徑16公里的小行星，以每小時五萬公里的速度撞向地球上，將會造成一個直徑四至五倍深的大坑，也就是應該有64至80公里深。

　　然而，在月球表面最深的一個「加格林隕石坑」（Gagarin Crater），其直徑卻有300公里，深度卻只有6.4公里。如果科學家的計算無錯，造成這個坑的隕石如撞在地球上，將會造成至少1,200公里深的大坑！

　　為什麼在月球上只能造成這麼淺的隕石坑？唯一可能的解

釋就是月球的外殼非常的堅硬。那麼前面發現的月表堅硬金屬成分就可以充分說明這個現象了。

月球是人造嗎？

有兩位前蘇聯（今俄羅斯）的科學家提出大膽假說，認為月球是外表經過改裝後中空的「宇宙飛船」。如此一來，才能圓滿解答月球留給我們的各種奇異現象。

這個假設很大膽，也引起不少爭論，現在大部分科學家仍然不敢承認這個理論。然而不爭的事實是：月球表面的確不是天然形成的，它就像精密的機械一樣，天天以同一面面向地

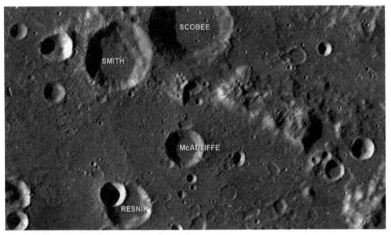

月球上的隕石坑數量雖然多，但坑洞都相當淺。

球，也剛好與太陽一般大。外面是一層高硬度的合金殼，可以承受長時間高密度的隕石撞擊，卻仍然完好如初。如果是一個天然的星體，是不該具有這麼多人造特徵的。

科學家還發現，月球面對地球的一面是相當光滑，背面則是密密麻麻的環型山。難怪月球能以非常高的效率反射太陽光，在夜晚的天空發亮。如果將時光倒回遠古月球剛剛成型之時，光滑的月表沒有被隕石攻擊的坑洞，中秋節夜晚的月光一定比現在更皎潔。

現在我們知道月球總是以光滑的一面對著地球，而以粗糙的一面背對地球，這是不是告訴我們月球是為了照明地球上的

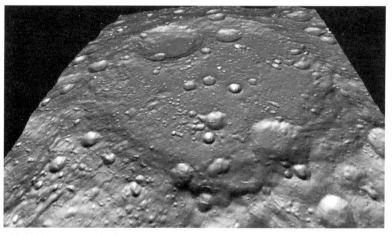

「加格林隕石坑」直徑雖達300公里長，卻只有6.4公里深。

人們而造？（如果月球是外星人監視地球的太空船，他們不必做這麼大的太空船，也不必具備照明功能，相反的他們應該將月球做的越隱蔽越好，不是嗎？）

創造一顆類似自然的星體，利用它表面的反射能力照亮地球，這個想法很符合環保原則，因為不需要發電製造大量污染，也很聰明，因為它能一次照亮整個地球黑暗的一面。雖然這是個很不可思議的想法，但是卻也不無可能吧！如果今天我們的科學技術能進步到這種程度，我們又會不會這樣做？

那麼如果在史前地球上真的有高度發達的人類，他們有沒有可能放一顆月球上去，照亮漆黑的夜晚？

目前科學家不能解釋、不敢承認的事情，當我們放開狹隘的思想框框，並用理智去分析，便會發現很多難以解釋的現象，其實都是非常簡單。以科學家發現的證據早已透露出月球形成的不尋常之處，為什麼沒有引起科學界的重視，並作進一步的探討？

可能是由於史前人類的存在，可以說是科學家的禁忌：大部分的科學家研究的證據不管多麼充分、理論多麼正確，一旦遇上與「進化論」相反的觀點時，誰也不敢提出來了。求「真」的精神應該是科學研究裡的最高原則，如果我們能跳出前人思想的框框，不難想像有許多的科學研究將有一個非常迅速的飛躍。

CHAPTER THREE
奇幻世紀

世事多變，每日都總有令人驚奇事。就連最頂尖的科學家也解不了的謎團，正等待全球的智者來解答。

復活的軍團
外星人叫秦始皇建長城

　　古籍《拾遺記》記載：「有宛渠之民，乘螺旋舟而至。舟形似螺，沉行海底，而水不浸人，一名『論波舟』。其國人長十丈，編鳥獸之毛以蔽形。始皇與之語及天地初開之時，了如親睹」。他們還掌握著驚人的高效能源，若用於夜間照明，只需「狀如粟」的一粒，便能「輝映一堂」。倘丟於小河溪之中，則「沸沫流於數十里」。這些「宛渠之民」究竟是何許人？秦始皇認為：「此神人也」。

長城是外星人叫秦始皇建造？

登月之謎
MOON LANDING CONSPIRACY

　　天地間真有神人嗎？古往今來，眾多的學者對這一記載百思不得其解。

　　近年來，有不少學者用外星來客的觀點對這一記載進行了解釋：一群具有高度文明的外星人很早就來到地球並安下基地，稱為「宛渠國」，對地球進行科學考察。這群外星人活動於佔地表面積三分二的海洋中，用「形似螺」的「論波舟」作交通工具。這種交通工具水陸兩用，日行萬里。這就是今天所說的「飛碟」（UFO）。

　　這些人「兩目如電，耳出於項間，顏如童稚」。他們注意觀察人類世界，一有新的動向，哪怕「去十萬里」也要「奔而往視之」。他們對洪荒時代的地球「了如親睹」，對「少典之子采首山之銅，鑄為大鼎」之類事情甚為關心，曾趕到現場考察，結果看見「三鼎已成」。他們對中國當時社會組織結構的變化、生產的重大成果，也都一一「走而往視」。萬里長城上也留下了他們活動的身影。

　　外星人光臨地球的傳說，中外都有記載。而《拾遺記》尤為獨特，記載了外星人與當時地球上稱雄一方的秦始皇進行友好接觸的情況，留下了比較古老的原始記錄。有些學者對這

《拾遺記》

種解釋提出異議，表示難以接受。目前，能被大多數人所接受的解釋尚無定論。

長城是外星人叫秦始皇建的，一方面名義上是防止匈奴入侵，另一方面在實質上和獅身人面像組成風水佈局。

春秋五霸時期，越王勾踐「臥薪嚐膽」，一舉擊敗了吳王夫差，演出了歷史上春秋爭霸的最後一幕。歲月的流逝，使這場驚心動魄的戰爭，靜靜沉睡在歷史的長卷裡，忙忙碌碌的後人幾乎把它遺忘了。

然而，一支考古隊在挖掘春秋古墓時，卻意外發現了一把沾滿泥土的長劍。當考古隊員輕輕拭去劍上泥土的時候，劍身上一行古篆——「越王勾踐自用劍」即躍入人們的視線。這一重大的考古發現立即轟動了全國，但更轟動的消息卻是來自對古劍的科學研究報告。

最先引起研究人員注意的是：這柄古劍在地下埋藏了二千多年卻為什麼沒有生銹？為什麼依然寒光四射、鋒利無比？通

越王勾踐

一支考古隊在挖掘春秋古墓時，卻意外發現了一把沾滿泥土的長劍：越王勾踐自用劍。

春秋古墓

過進一步的研究發現，「越王勾踐劍」千年不鏽的原因，在於劍身上被鍍上了一層含鉻的金屬。大家知道，鉻是一種極耐腐賊的稀有金屬，地球岩中含鉻量很低，提取十分不易。再者，鉻還是一種耐高溫的金屬，它的熔點大約在攝氏四千度。德國在1937年、美國在1950年才先後發明並申請了專利。那麼在二千多年以前是什麼人、用什麼方法將這種金屬鍍到劍上？

事實上，鉻鹽氧化處理的方法在中國古代早已十分普遍。1994年3月1日，舉世聞名的「世界第八大奇跡」——秦始皇兵馬俑二號俑坑正式開始挖掘。

在二號俑坑內，人們發現一批青銅劍，長度為86釐米，身上共有八個校面，考古學家用遊標卡尺測量，發現這八個棱面

的誤差不足一根頭髮，已經出土的19把青銅劍，劍劍如此。這批青銅劍內部組織緻密，劍身光亮平滑，刀部磨紋細膩，紋理來去無交錯，它們在黃土下沉睡了二千多年，出土時依然光亮如新，鋒利無比。且所有的劍上都被鍍上一層10微米厚的鉻鹽化合物。

在清理一號坑的第一個洞時，考古工作者發現一把青銅劍被一尊重達150千克的陶俑壓彎，其彎曲的程度超過45度。當人們移開陶俑後，令人驚詫的奇跡出現了：那又窄又薄的青銅劍，竟在一瞬間反彈平直，自然恢復！當代冶金學家夢想的「形態記憶合金」，竟在二千年前已出現？

誰能想像，上世紀50年代的科學發明，竟然會出現在公元前2000多年前？又有誰能想像，秦始皇的士兵手裡揮舞的長劍，竟然是現代科學尚未發明的傑作？我們怎麼能完全相信現代所謂的科學結論呢？那麼反過來說，秦始皇的鑄劍技術是由誰人傳授？秦始皇時可以使用鉻鹽氧化處理法、發明形態記憶合金，為什麼魯班就不能發明機器人馬車？關鍵在於，假如以上的事實是真實的話（至少鉻鹽氧化處理不是假的），那麼我們就會問：他們的技術淵源是什麼呢？

鉻鹽氧化處理法、形態記憶合金，結合《拾遺記》所説的，若用外星人説法來解釋，可能是最合情合理的。

瞬間轉移
令人驚奇的人類
失蹤之謎

　　1999年7月2日，在中美洲的哥倫比亞約有100多名聖教徒，到阿爾里斯山的山頂朝拜。這批聖教徒相信1999年8月是「世界末日」的來臨，他們上山祈求能得到上帝拯救。誰知這批教徒上山後再沒有下來，就此失蹤了。

哥倫比亞曾發現人類失蹤事件

此事驚動了哥倫比亞政府，他們派出大批警員在阿爾里斯山頂四周大面積尋找，並出動了直升機。近一個月，整個內華達山區查遍，卻不見一點蹤影。

1915年12月，英國與土耳其之間的一場戰爭，英軍諾夫列克將軍率領的第四軍團準備進攻土耳其的軍事重地加拉波利亞半島。那天英軍很英勇地一個一個爬上山崗，高舉旗幟歡呼著登上山頂。突然間，空中降下了一片雲霧，覆蓋了百多米長的山頂，雲霧在陽光下呈現淡紅色，並射出耀眼的光芒，在山下用望遠鏡觀看的指揮官們對此景觀也很驚奇。過了片刻，雲霧慢慢向空中升起，隨即向北飄逝。後來，指揮官們才驚奇地發現，山頂上的英軍士兵們全部消失了。於是，諾夫列克將軍率領一千多名士兵登上山頂，並親手插上英國國旗，旗幟還在山頂上飄揚，而人卻一個也不見了。

更為驚奇的是1978年5月20日，在美國南方的新奧爾良城，在一所中學的操場上，體育老師巴可洛夫在教幾個學生踢足球射門。14歲的巴爾萊克突然一球射入球門，他高興地跳起來一叫，當著眾人的面，眨眼就失去蹤影。

1975年的一天，莫斯科的地鐵裡發生了一件不可思議的失蹤案：那天晚上9時16分，一列地鐵列車從白俄羅斯站駛向布斯諾站。只需要14分鐘列車就可抵達下一站，誰知這列地鐵車在14分鐘內，載著滿車乘客突然消失得無影無蹤了。列車與乘

客的突然失蹤，迫使全線地鐵暫停，警員和地鐵管理人員在由
內務部派來的專家指揮下，對全莫斯科的地鐵線展開了一場地
毯式搜索，但始終沒有找到地鐵和列車上的幾百名乘客，這些
人就在地鐵軌道線上神奇地失蹤了。

　　1990年9月9日，在南美洲委內瑞拉的卡拉加機場控制塔
上，人們突然發現一架早已被淘汰了的「道格拉斯型」客機飛
臨機場，而機場上的雷達根本找不到這架飛機的存在。

　　這架飛機降臨機場時，立即被警衛人員包圍，駕駛員和乘
客們走下飛機後，立即問：「我們有什麼不正常？這裡是什麼
地方？」機場人員說：「這裡是委內瑞拉，你們從哪來？」飛

1990年9月9日，在南美洲委內瑞拉的卡拉加機場控制塔上，人們突然發現一架早
已被淘汰了的「道格拉斯型」客機飛臨機場。

行員聽後驚叫道：「天呀！我們是泛美航空公司914號班機，由紐約飛往佛羅里達的，怎麼會飛到你們這裡？誤差兩千多公里呀！」接著他馬上拿出滶行日記給機場人員看：該機是1955年7月2日起飛的，時隔35年！

機場人員吃驚地說：「這不可能！你們在 故事吧！」後經查證，914號班機確實在1955年7月2日從紐約起飛，飛往佛羅里達，但飛機在途中突然失蹤，一直找不到下落。當時警方認為該飛機掉入了大海裡，機上的50多名乘客全部賠償了人壽保險。這些人回到美國的家裡，令他們的家人大吃一驚。孩子們和親人都老了，而他們仍和當年一樣年輕。美國警方和科學家們專門檢查了這些人的身份證和身體，確認這不是鬧劇，而是確鑿的事實。

美國著名科學家約翰布凱里教授經過研究分析，對「時空隧道」提了以下幾點理論假說：

1.「時空隧道」是客觀存在的，它既看不見又摸不著，對人類，它既關閉，又不絕對關閉——偶爾開放，就看誰偶爾碰上，被拉進去。

2.「時空隧道」與人類世界不是一個時間體系。進入另一套時間體系裡，有可能回到遙遠的過去，或進入未來。因為在隧道裡，時間具有方向性、可逆性，既可以正轉，也可倒轉，還可以相對靜止。

　　3. 對地球上的人類和物質來說，被吸入「時空隧道」就意味著神秘失蹤，而從隧道中出來，又意味著神秘再現。由於隧道的時間可以相對靜止，故此失蹤幾十年，甚至上百年，就像一天與半天一樣。

「時空隧道」真的在世上存在？

美國科學家約翰布凱里教授

邊緣回望
時空穿梭之謎

　　相信許多人在欣賞史匹堡經典電影《回到未來》時，都會為他的奇妙幻想讚歎，總以為這是大導演的虛構。因為孔子早就有過「逝者如斯夫」的名言——時光匆匆，怎能倒流？然而，大千世界創造的奇跡卻又明白無誤地告訴我們：在今日世界裡，時光倒流竟不可思議地發生了。

在今日世界裡，時光倒流竟不可思議地發生。

1994年，一架意大利客機在非洲海岸上空飛行。突然，客機從控制室的雷達螢幕上消失。

1. 意大利客機的空中歷險

1994年初，一架意大利客機在非洲海岸上空飛行。突然，客機從控制室的雷達螢幕上消失。正當地面上的機場工作人員焦急萬分之際，客機又在原來的空域出現，需達又追蹤到客機的訊號。最後，這架客機安全降落在意大利境內的機場。然而，客機上的機組人員和300名乘客，並不知道他們曾經「失蹤」過。

柵長巴達里疑惑不解地說：「我們的班機由馬尼拉起飛後，一直都很平穩，沒有任何意外發生，但控制室竟說失去班機的蹤影，實在有點不尋常。」不過，事實卻不容爭辯：到達

機場時，每個乘客的手錶都慢了20分鐘。

無獨有偶。據資料記載，1970年也發生過類似的奇聞：當時，一架波音727客機在飛往美國邁阿密國際機場的旅途中，也無故「失蹤」了10分鐘。10分鐘後，客機也在原來的地方出現；接著，安全飛抵目的地。

客機上的所有人也都不知道發生了什麼事，而最終使他們相信的理由，也是因為所有的手錶都慢了10分鐘。

對此現象，專家們認為惟一的解釋是：在「失蹤」的一那，時間「靜止」不動了，也可能出現了時光倒流。

2. 現代錢幣進入古代廟宇

就在意大利客機空中歷險的同一年，傳媒又披露了發生在埃及的時光倒流4,000年的奇跡新聞：一枚尚未發行的現代錢幣，被深藏在一座太陽神廟的地底下。

當時，一個由法國考古學軍組成的考古工作隊，前往尼羅河畔最早出現人類活動的地區進行科學考察。他們發現了一座太陽神廟，距今已有4,000年的歷史。

由於人跡罕至，廟宇早已傾塌，僅是廢墟一座，故而顯得十分荒涼和破敗。當考古學家在對廢墟進行發掘時，在一塊古老的石碑下，發現了一枚深埋在地下的錢幣。

奇怪的是，這不是一枚古埃及錢幣，而是一枚美國錢幣；

太陽神廟

更奇怪的是，這又不是一枚美國古錢幣，而是一枚現代錢幣。
最不可思議的是：這是一枚已經鑄造好，並準備在1997年才進入市場流通、面值25美分，尚在美國金庫中「留守」的未流通錢幣！

　　美國的現代鎳幣，為何「跑到」4,000年前的古埃及廟宇中？科學家們百思不得其解。

3. 重返古代現場

　　隨著前蘇聯的解體，一些機密檔案不斷曝光，科學家查閱到其中一些有關時光倒流的內容：

那是在1971年8月的一天，前蘇聯飛行員亞歷山大斯諾駕駛「米格21」戰鬥機在做例行飛行時，無意中「闖入」古埃及。於是，他看到了金字塔建造的場面：在一望無際的荒漠中，一座金字塔巍然聳立，而另一座金字塔剛剛奠起塔基。

　　1986年，一位美國飛行員駕駛「SR71」高空偵察機，飛越羅里達州中心城區時，突破了「時空屏障」，來到了中世紀的歐洲上空。他在遞交給軍方有關部門的報告中這樣說：飛機掠過樹梢，可以感受到由巨大的篝火發出的熱浪，成堆的屍體令人觸目驚心。

1971年8月的一天，前蘇聯飛行員亞歷山大斯諾駕駛「米格21」戰鬥機在做例行飛行時，無意中「闖入」古埃及。

專家們調查後指出：這位空軍攜行員看到的是歐洲歷史上發生著名的「黑死病」的情景。由鼠疫引發的瘟疫波及整個歐洲大陸，成千上萬的人倒斃街頭，是一場名副其實的災難。

如果說，上述因時光倒流而回到從前只是偶然發生就並不稀奇，甚至令人懷疑。但蹊蹺的是，物理學家馬西教授也向世人展示了來自北約的絕密報告，報告中所描述的事實，同樣令人匪夷所思：1982年，一位北約飛行員在一次從北歐起飛的飛行訓練中，他的視野裡，竟然出現了數百隻恐龍！原來飛機竟然來到了史前非洲大陸。此外，有另一位北約飛行員在飛行途中，「誤入」第二次世界大戰時期的德國戰場。盟軍和德軍戰機的飛行員都看見了他，他也看見了他們，不過，在僅僅一分鐘後，他又回到了現實。

4. 南極上空的時間廊

1995年，美國物理學家馬瑞安麥克林告訴研究員們，注意觀察1月27日南極洲上空的那些不斷旋轉的灰白色的煙霧。最初，他們認為這些只是普通的沙暴，但這些灰白色的煙霧並沒有隨著時間的進程改變形狀，也沒有移動。研究人員決定認真研究這種現象。他們發射了一個氣象氣球，氣球上裝備了測定風速、溫度和大氣濕度的儀器。然而，一經發射，這個氣球就急速地上升，很快就消失了。

過了一會，研究人員利用拴在氣球上的繩子收回了這個氣球。但讓他們感到震驚的是：這個氣球的計時器顯示的時間是1965年1月27日，即正好提前了30年！在確認氣球上的儀器沒有損壞後，研究人員又進行了幾次同樣的試驗。但是每次都表明時間倒退了，計時器顯示的是過去的時間。這個現象被稱作「時間之門」，研究人員更向白宮做了匯報。

現在，針對這些不同尋常的現象所作的研究仍在進行中。人們推測南極洲上空的那個不停旋轉的空間，是一個可以通往其他時代的通道。而且把人送往其他時代的研究項目也經已開始。美國中央情報局和聯邦調查局正在為這個可能會改變歷史進程的研究項目的控制權而展開激烈的爭奪。目前尚不清楚美國當局會在什麼時候批准這項試驗。

時光可以倒流？

從實際上說，人類的智慧尚不足以阻擋時間的飛進，而從理論上來說，時光倒流、回到從前亦絕非不可能。根據 因斯坦的理論，時間和空間可以在光速中發生變化。所以，假如一個物體以每秒30萬千米的光速飛行時，空間可以縮短，時間可以變慢。

加里福尼亞州立大學的一位物理學家通過計算後稱：人類從地球到達仙女座需要20萬年，而在光速飛船上僅需20年。那

麼，這種美妙的事情是否會真的發生呢？回答是肯定的。因為科學家們已經發現宇宙中存在比光速還要快的神秘質點。

科學家們研究發現：當太空船經過重力場時，把重力場的拉力轉換成推力，太空船在那段時間內，便可以以光速甚至超光速飛行。美國太空總署（NASA）的專家們已經創立「時空場共振理論」，這是以愛因斯坦和德國物理學家海森堡的「統一場論」為基礎建立的，其要旨是借助「電磁」、「重力」、「光速」和「時空」共同演變的伸縮性，瞬間跨越星際空間。

到了那時，時光倒流將不再是個待解之謎。

驚人内幕
前蘇聯時光倒流
絕密實驗

　　據《真理報》報道，自從遠古以來，「時間」就一直是最複雜的科學問題，而且以「時間」為課題的研究也很少，但專家們在密林中進行秘密試驗——時間機器加速前逾——後，科學家們終於有了驚人發現。

自從遠古以來，「時間」就一直是最複雜的科學問題。

　　著名的俄羅斯科學家內克雷克玆列夫實施了一項試驗，來證明從將來返回到過去是可能的。他通過假設即時的資訊可以通過時間的物理特性進行傳送來證明他的觀點。克玆列夫甚至假定，「時間司以完成工作並且能夠產生能量」。一位美國物理學家也得出了這樣的結論，時間在這個世界出現之前就已經存在了。

　　眾所周知，我們每個人在不同的情況下對時間進程會有不同的感覺。曾經有一次，閃電擊中了一位爬山者。後來這位登山者告訴別人，他看見閃電進入了他的胳膊，並沿著胳膊緩慢移動；閃電把他的皮膚和組織分開了，使他的細胞碳化。他覺得那種刺痛的感覺就好像是在皮膚下面有無數刺針在刺自己。

　　俄羅斯的蓋納迪比利莫夫是一名反常現象研究員、哲學家，寫過大量的專著。他在報紙上發表了論文《時間機器：加速前進》。他描述了在瓦蒂姆車諾布羅夫領導下，一些熱衷於時間研究的人所負責實施的一次試驗。瓦蒂姆車諾布羅夫早在1987年時，就開始利用地磁泵製作時間機器。現在，這些研究人員可以通過對磁場施加特殊的衝擊，來減慢或者加速時間的進程。在試驗室設備的作用下，最大限度地減緩時間可以高達每小時一點五秒。

　　2001年8月，在俄羅斯的伏爾加格勒地區的森林內，科學家對一個新型的時間機器進行試驗。這個機器即使只用汽車的

電瓶作動力，能量很低，但它改變時間的幅度仍達到了3%。時間的改變是由對稱的晶體振盪器來記錄的。

最初，研究人員花5分鐘、10分鐘、20分鐘來操作這台機器，最長的一次時間延緩持續了半小時。瓦蒂姆車諾布羅夫說，人們覺得好像進入了另外一個世界：他們可以同時感受到「這邊」和「那邊」的生活 似乎空間完全打開了。「我實在無法描述當時我們所經歷的那種不同尋常的感受」瓦蒂姆車諾布羅夫如此回憶。

任何一家電視台以及廣播公司都沒有對這件令人驚訝的事情進行報道。蓋納迪比利莫夫說，他們甚至沒有將這次試驗的結果通報最高領導人。然而他又說，早在史達林時期，就有一個專門研究平行世界的研究所，由學者庫查托夫和伊奧澳夫所進行的試驗的結果可以在檔案裡找到。

1952年，蘇聯秘密警察組織領導人貝利亞開始立案調查那些試驗的參與人員，結果有18名專家被槍決，59名物理學準博士和博士被關進監獄。研究所在赫魯曉夫的領導下重新開始研究，但在1961年，一個試驗平台和八名一流的專家突然全部消失，進行試驗的這所建築周圍的一些樓房也都倒塌了。從那以後，蘇聯政治局和部長委員會決定暫時停止這些對「不可預測的時代」所進行的研究。直到1987年才恢復試驗。

1989年8月30日，一次悲劇發生了。

　　位於安州島的這家研究所的分支辦公室發生劇烈爆炸，爆炸不僅破壞了重達780噸的試驗艙體，而且也毀掉了這個佔地兩平方公里的小島。關於這個悲劇的一種說法是：載有三名實驗人員的艙體在另外的空間中（或者是在進入另外的空間）的過程中撞上了一個巨大的物體，可能是小行星一類的東西。因為喪失了動力系統，艙體很可能留在了另個時空中。

　　保留在檔案中的關於這次試驗的最後記錄這樣寫道：「我們馬上就要死掉了，但我們仍在進行試驗。這裡很黑。我們所看見的所有東西都變成了兩個：我們的手和腿都變得透明，我們能夠透過皮膚看見血管和骨骼。氧氣供應還可以滿足43小時，但生命支援系統破壞得很嚴重。給我們的家庭和朋友以最好的祝福！」然後信號就突然中斷了。

CHAPTER FOUR
哭泣的大地

面對大自然無窮的力量，人類已由古時的俯伏敬畏，變成自大狂妄。正當我們以為可以操控自然界時，它只是稍微「反抗」一下，便足以造成人類不能逆抗的大災難。現今，大地在哭泣了，面對前人種下的禍根，我們應何去何從？

地球發燒了
溫室效應水浸眼眉

　　在太平洋傳來一宗罕見消息：由於海地平線升高，被南太平洋包圍的圖瓦盧（Tuvalu），即將被海水淹沒。從此之後，地球又少了一塊充滿熱帶風情、椰林婆娑的陸地。

圖瓦盧即將被海水淹沒

登月之謎
MOON LANDING CONSPIRACY

　　一個小小島國的消失，或許引不起許多人的關注；相比起全球約60多億人口，10,000多名被迫放棄自己家園的圖瓦盧人民，更顯得微不足道。

　　對於這則新聞，大部分人可能只瞄一眼，就把目光停留在其他更具有吸引力的國際大新聞了。

　　但圖瓦盧的消失，到底意味著什麼？

　　從表面來看，這是因為溫室效應惡化，導致地球溫度上升，冰層消融、海水升高。換另一個角度看，如果說人類長久以來在地球胡作非為，毫無節制的製造大量廢氣和砍伐雨林，終於嚐到惡果的話，也未嘗不可。

　　雖然說，溫室效應是導致全球溫度上升的主因，然而，人類的活動造成溫室效應惡化，卻是個不爭的事實。各國在工業化過程中製造大量廢氣，以及迅速消失的雨林，經已破壞了大氣自動調整地球溫度的能力，造成溫室效應被擴散和強化，進

圖瓦盧的人民被迫放棄家園

圖瓦盧的現況

而使地球的溫度提高。部分環保份子認為，圖瓦盧的遭遇或許是地球自己作出的判決：讓海水淹沒不懂得愛惜資源的人類的家園！

被海水吞噬的國家，特別是一些位於太平洋的小島國，它們多是由珊瑚礁組成，陸地比海平線高不了多少，極地冰層融化，直接威脅到它們的存在。以圖瓦盧來說，由於地勢較低（海拔最高點只有不足五米），長久以來，該國人民與不斷升高的海平線鬥爭，並承受氣候異常之苦，特別是2000年以來，地下水源被海水侵蝕，其人民無法獲得足夠的食水，以及不尋常的乾旱，導致農作物歉收。

在與海水的抗爭宣告失敗之後，該國人民從2001年開始遷移至地廣人稀的紐西蘭，撤離生於斯、長於斯的祖國。

圖瓦盧消失的問題，迫使國際環保團體和全球氣候研究所，重新把焦點集中在散佈於各大洋上的島國，如位於印度洋的馬爾代夫。如果溫室效應惡化的話，它可能也步上圖瓦盧的後塵，在地球上消失，後人只能夠在歷史中追溯這些風景優美的島國。

這些小島國的消失將帶來的難民問題，大量的難民因而湧現。根據估計，基里巴斯約有九萬名人口，而馬爾代夫則有20萬人，未來如何處理這些失去國家的難民以及面臨類似問題的國家還是個大難題。

　　據聯合國跨政府氣候變遷研究小組（Intergovernmental Panel on Climate Change）的報告透露：如果溫室效應加劇的話，極地冰層的融化，再加上阿爾卑斯山的冰河可能將消失，全球的氣候因而出現大變化，這種突變將波及全世界。

　　報告表示，首先，氣候改變將導致雨量減少，全球約30%的人口因而陷入食水供應吃緊的局面。而不斷漲高的海平線，威脅多個國家，從非洲的埃及、歐洲的荷蘭至亞洲的越南，莫不受到重大的影響。

受水位上升影響，令圖瓦盧人生活諸多不便。

121

可能有人覺得地球對人類的懲罰是殘酷的，但卻有更多人認為，地球的反擊源自於人類對它毫不留情的破壞，這也是地球保護自己的其中一種方式。

　　或許，當一個接一個的熱帶島嶼被海水淹沒，阿爾卑斯山上白雪皓皓的滑雪勝地從此消失，以及人類的後世子孫必須承受種種氣候異常的痛苦時，我們才會思考：到底人類對地球做了什麼？

1. 圖瓦盧（Tuvalu）簡介

位於太平洋南部的圖瓦盧，由九個環狀的珊瑚礁島組成，陸地面積只有26平方公里，屬於熱帶型氣候。

這個島嶼原為英國殖民地，後來於1978年獨立。由於國家細小，人口只有11,000人左右，民風樸素，全島沒有手提電話，只有一家電台。

該國的陸地面積狹小，土壤貧瘠，不適合種植，只可以種植椰子和麵包果，這是該國的主要經濟作物。漁業也是其主要的經濟來源，雖然圖瓦盧的海洋資源豐富，不過捕魚技術卻非常的落後。該國政府主要是通過與西方漁業集團合作，向外國集團收取捕魚費用。

拜網絡熱潮所賜，該國以5,000萬美元把其專屬網址脫售給美國一家電視台，一度為人所稱羨。

2. 基里巴斯（Kiribati）簡介

基里巴斯位於南太平洋中上，由數個珊瑚礁組成的小群島構成，其面積只有717平方公里，英文為通用語言，流通貨幣為澳元。

該國的人口約有九萬，於1979年脫離英國獨立，並在1999年加入聯合國。

該國的氣候不但炎熱且雨量少，土地與礦產資源嚴重缺乏，加上各島嶼之間的位置過於分散，無法發展製造業，只有依賴農業和漁業，以及外國的援助和借貸。

近年來，為增加外匯收入，政府大力拓展觀光業，鼓勵遊客前來旅迴避，同時積極拓展對外航線，以及開發各種資源。在歐盟和紐西蘭政府的支持下，該國正在推廣其海藻種植，並在海藻身上提取一種膠質、加工成化妝品和食品等，開發另一條財路。

危機一觸即發
直擊氣候變暖大災難

　　如果把圖瓦盧的消失，當作是地球給予人類的懲罰的話，倒不如把它視為一項警報：地球利用海水對人類發出警告，它要人類正視溫室效應這個問題，並加以補救，否則將有更多的陸地被淹沒，更多人被遷徙，人類可以立足的地方越來越少。

圖瓦盧郵票面上的設計圖案，呼籲世人關注溫室氣候的問題。

試想像一下：在全球人口不斷增加，甚至「人口爆炸」的今天，土地卻出現減少之勢，這樣下去的話，再過五、六十年，或者在數個世代之後，地球將成為一個怎樣的世界？會不會好像科幻電影《未來水世界》（Water World）般，當陸地被淹沒之後，人類只有在海面上築起的城堡生活，從此失去了綠林和動物。如果有這麼一天到來的話，我們的後代會詛咒、埋怨祖先們只留下一個滿目瘡痍的星球給他們嗎？

從世界各地傳來種種氣候異常的消息，叫人不得不正視「溫室效應」所造成的危機：

1. 北極出現電暴

如何證明全球氣候異常？問問住在北極圈的愛斯基摩人就知道。

對住在加拿大北極圈的愛斯基摩人來說，閃電打雷是極其陌生的事物，由於不曾見過，他們以口相傳的族史中，從未出現過這兩種大自然的現象，甚至連棲息在北極圈的動物，當聽到雷聲、看到閃電，也不懂得如何反應。

據環保組織「國際永續發展協會」（International Institute for Sustainable Development）的報告中表示，北極圈出現的「電暴」（Electric Storm），經已被列為全球氣候變遷的證據之一。報告也揭露，研究人員花了一年時間，在加拿大班克斯島

（Banks Island）的薩克斯港（Sachs Harbour）進行研究，並與居住當地的愛斯基摩人共同生活、打獵、捕魚，然後將他們的觀察記錄下來。

由於氣候變化而導致冰凍區消融、冰層和泥流變薄，甚至有一個冰湖因湖岸的冰層融化而消失，湖中的淡水魚也因湖水流入海中而全部死亡。

日益變薄的冰層也使得愛斯基摩人在捕獵北極熊和海豹中益發危險，同時北極熊也越難捕捉獵物，一些從未在這個地區出現的動物如知更鳥、燕子，甚至昆蟲，也紛紛現身。

電暴

另外也有報告指出，阿爾卑斯冰河和極區的冰帽（Ice Cap），正在以前所未有的速度在融化中，其在過去10年內的融化的速度是非常驚人的。北極冰層自1978年已經縮減了6%以上，平均厚度也縮小，而佔全世界冰層8%的格陵蘭冰層，自1993年起平均每年都薄了超過1公尺。

科學家預測到了2050年的時候，全球大約會有約兩成的高山冰河會從地球上消失，喜馬拉雅冰河將消失五份之一，而快速融化的極地將對極地的生物造成威脅。

2. 冰層融解快速

挪威的科學家也表示，極地冰層以平均每10年消失15%的速度快速融解。他們警告說：冰層的融化造成海平面不斷上升，恐怕會爆發區域性的洪水危機，危害人類的性命，而融化的洪水將會威脅人類的水供資源。

儘管科學家對溫室效應有兩種說法：一是地球因而變得更冷，二是地球將變得更熱，從極地冰層融化的速度來看，地球將會更熱是較為人接受的說法。

據統計，一旦兩極溫度的升高，冰層融化的話，只要海平面上升0.2至1.4公尺，大量陸地將變成茫茫大海，許多大城市將被淹沒，而首當其衝的是居住在海岸線60公里以內的居民（佔全球人口的三份之一），他們將失去家園。

　　或許有人認為以上的說法不過是誇大其詞、聳人聽聞，真實的情況應該不會如此的慘烈。如果你也抱有這種看法的話，不妨留意全球普遍發生的氣候異常現象，自1970年代以來，天災頻頻發生。

　　在1980年印度北方遭大水淹沒了三份之二的土地、非洲西部長年旱季，飢荒處處聞、1991年中國華東地區發生前所未有的大水災，災情慘重。而美國夏季的熱浪「襲死人」的事常有聽聞，法國和英國均出現百年難見的大水災等等，不由得我們不相信，全球暖化果然是繼核子戰爭和行星相撞之後，人類可能將面對的大浩劫！

科學家表示，極地冰層以平均每10年消失15%的速度融解。

3. 氣候變化影響生態

　　據聯合國跨政府氣候變遷小組（Intergovernmental Panel on Climate Change）在長達超過1,000頁的報告中表示，緩慢但穩定的全球暖化現象將對大自然中的420項生態循環、動物和植物造成影響。

　　小組表示，全球溫度提高，將導致高山積雪消融、珊瑚死亡，亞洲及非洲將出現乾旱，「聖嬰現象」（El Nino）頻密出現。如果這種情況持續下去，在未來的100年之內，地球的升溫幅度將是過去10萬年以來最高，預料地球平均100年的溫度升高幅度介乎攝氏1.4度至5.8度間（請注意，在過去1萬年中，

全球溫度提高，將導致高山積雪消融、珊瑚死亡，亞洲及非洲將出現乾旱，「聖嬰現象」頻密出現。

登月之謎
MOON LANDING CONSPIRACY

地球平均溫度也只不過上升攝氏2度），這也意味全球氣溫因而出現劇烈的變化。

屆時，全球降雨型態將改變，有些地區的雨量大增，一些則轉為乾旱，植物的分佈也出現變化。除此之外，風暴的路徑和頻密度也將改變、土壤受侵蝕和性質改變。

這種氣候的變化將對人類的生活帶來何種影響？

報告直接指出，貧苦國家將是溫室效應劇烈變化中，受創最為嚴重的國家、富有國家的影響則沒有這麼嚴重。其中，氣候變化所造成的影響包括：

a. 產生更多颶風、水災和乾旱等「不正常」的天氣型態
b. 受創最為嚴重的地區，將會出現人口大批遷移現象。
c. 可能會造成大量生物的死亡
d. 蚊蟲勢力大為擴張，虐疾之類的病症發生率大為提高。
e. 生物棲息地被破壞殆盡，導致許多生物滅絕。

還有人體內的抵抗能力因而減弱，而動物的大遷移，也可能引發各種傳染病，北極熊、鯨魚和部份蝴蝶的生存方式將出現變化，而腦炎、虐疾和黃熱病也會四處傳播。

另一方面，聯合國在最新的報告也披露，全世界因為所謂的天然災害所造成的經濟損失，已從1950年代的40億美元，提高至1999年的400億美元，如果把那些小規模的算在內的話，有關的損失總額約為兩倍。

中國官方估計：沿海地區恐被淹沒

　　中國政府也不敢輕視溫室效應的後遺症，由於海水日益漲高，其沿海的大城市恐有被淹沒之危機。

　　據中國官方估計，一旦海平線上升20公分，中國大陸沿海將有110萬公頃土地遭淹沒；如果上升50公分，孟加拉的10萬公頃地段將中；如果升高60公分，整個孟加拉會消失，荷蘭也會被淹沒，而居住在這些國家的人民，以及沿海的人民將流離失所，變成難民。

　　更嚴重的是，全球氣候變遷所造成的乾旱，將使農地夏成沙漠，各類農、商業活動不得不中止。

4. 珊瑚死亡，海洋生物瀕臨絕種

由於環境污染日益嚴重以，及溫室效應，全球超過四份之一的珊瑚礁因而泛白、死亡，預料如果人類不採取行動救亡的話，在未來20年內，大部份的珊瑚礁可能遭受破壞而滅亡。

一些嚴重受創的地區，如位於印度洋的馬爾代夫和塞席爾群島，過去兩年來因海水溫度提高，大部分珊瑚礁完全遭殃。

有「海上雨林」之稱的珊瑚礁，在海洋生態體系中佔有主導地位，因此在海裡扮演著極為重要的角色。它們的消失恐怕將導致數千種魚類，和其他海洋生物瀕臨絕種的危機。

在國際珊瑚礁座談會中，來自世界各國的科學家一致認為，各國政府應趕快「覺醒」，並立即減緩溫室效應，降低環境污染，以及嚴格的取締過度獵捕魚類的行為。

所有出席此項在印尼峇厘島舉行的會議的科學家認為，溫室效應是造成珊瑚白化的罪魁禍首。他們説，由於海水溫度升高，造成珊瑚壓力增加，並趕走那些寄生在珊瑚上的微生植物，如果海水溫度持續上升的話，大量珊瑚礁會因而死亡，包括一些已經存活了250萬年的珊瑚。

溫室效應

　　1986年瑞典人阿爾翰尼斯（Arrhenius）發現因人類不停的燒煤取暖，導致地球上層產生一層累積的氣體，其現象有如覆蓋在地表上的一層溫室玻璃，會產生溫室效應。

　　溫室玻璃就比喻用來種植植物的溫室，具有保持熱能的功用，當陽光以長波照射地表，而地表則以短波的熱量反射回去大氣層時，大氣層中的微量氣體會截留這些短波的熱能，使地表如溫室玻璃般的累積熱能。

　　假如地球沒有「溫室玻璃」，所有由陽光產生的熱能，將會全部返回太空，地表的溫度可能會冷得很厲害，所以適度的「溫室玻璃」可以維持地表一定的熱量，是地表所有生物維持生命的必需品。但是如果「溫室玻璃」過厚，如同在大熱天蓋上保溫毯的人一樣，會過熱中暑而死，即是所謂的溫室效應，那些會吸引熱能的氣體則稱為「溫室效應氣體」。

目前，大氣中溫室效應氣體的濃度，正受到人類活動的影響而逐漸提高，隨著濃度的升高，也意味著熱能不易散發，進而拉高了地球表面的溫度。一旦地球表面溫度升高，後遺症也隨之出現，顯而易見的是南北極冰層融解，造成海平面上升，進而影響全球氣候轉變，人類抗病能力減弱、動物出現大遷徙，以及受高濃度臭氧影響的地區擴大。

看不見的戰役
人類大戰微生物

1830年，曼丹印地安人因一次天花流行而滅絕。

1976年，伊波拉病毒侵襲紮伊爾（剛果民主共和國）一個300人居住的村落，當中有274人死於這病。

1994年，印度北部爆發鼠疫，30萬名驚恐萬分的蘇拉特市民紛紛逃離家園，鼠疫病菌也因此流傳出去，並於兩周內蔓延到印度的七個邦，最終導致815人病，56死亡。

1997年，霍亂在紮伊爾的盧旺達難民中大規模爆發，造成7萬人感染、12,000人死亡。

天花曾做成大規模人口死傷

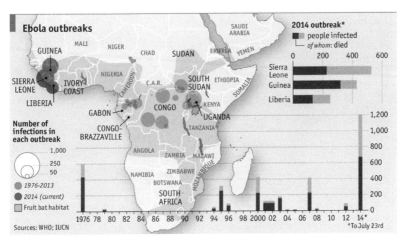

伊波拉病毒侵襲剛果民主共和國一個村落，令接近全村的人喪生。

　　隔個浩瀚大洋，相隔數萬里，仍有空間上的安全感。「基本上，只要不到疫區去，在數百里及數千里外的我們，仍是安全的。」但是，如今隨著地球村的漸漸成型，想要隔岸觀火，並獨善其身，僅僅是僥倖的心理。如何應對傳染病全球化，已是世界各國不町避免的挑戰。

生菌侵襲動物禍延人類

　　1997年，一名做蜥蜴買賣的商人希爾抱著他的寵物──一隻生病的豹紋烏龜，向美國佛羅里達大學附設的獸醫診所求助。醫生檢查烏龜時，赫然發現其腋窩藏著指甲大小的非洲蝨

子，蝨子身上帶有「水心病」病毒。

這種病毒源自非洲南部，可以使牛羊致命，美國的牛羊鹿等動物，卻對這種病毒絲毫沒有免疫能力。研究人員趕到希爾的家，發現這種非洲蝨子到處都是，而且都帶著病毒，一場水心病瘟疫可能隨時引爆，進而對美國畜牧帶來災難性的傷害。

肉眼無法看見的生物，就這樣悄無聲息地從遙遠的非洲傳入美國佛羅里達州，其威力足以擊垮當地規模龐大的農牧經濟。

環境科學家把這種微生物偷渡的情況，稱為「生菌入侵」（Bio invasion）。國際間，「生菌入侵」的情況已拉響警報，野生動物的交易及非法走私野生動物活動，已導致為數眾多且難以估計的生菌入侵世界各地。各種動物疫病流竄，一步步吞噬人類的健康。

一場「非典型急性呼吸系統症候群」（SARS，又名「沙土」）很清楚地讓我們看到，新病毒全球化的途徑與傳播之神速。

西班牙殖民者科爾特斯

科爾特斯在1520年入侵南美洲，並以區區數百人征服了阿茲特克帝國。

人口病毒擊潰敵方

一場「非典型急性呼吸系統症候群」（SARS，又名「沙土」）很清楚地讓我們看到，新病毒全球化的途徑與傳播之神速。這場非典型肺炎首先在廣東省爆發，短短半年內已跨洲際、跨國界地大幅度擴散開來，散播到世界去。

隨著頻繁的商旅及野生動物的運輸活動，致病微生物在神不知鬼不覺之下，登上飛機，飛到世界各個角落，讓人防不勝防。更何況，除了正常的商旅活動及動物買賣交易外，在黑暗中，尚有猖獗的動物走私勾當活在這年頭，我們已無法處身事外，許多發生在非洲的傳染病，如愛滋病、伊波拉等，都已傳

入美國等先進國。難怪醫學界預測，不久的將來，全球有半數的人口將會暴露在傳染病的威脅下。

從歷史事件中可看出，「入口」的傳染病，可能比當地原有的傳染病，具有更大的殺傷力。最經典的例子，就是歐洲人征服美洲大陸時，微生物所發揮的威力。

1520年，西班牙殖民者科爾特斯（Hernandndo Cortes）入侵南美洲，以區區數百人，征服了阿茲特克（Aztecs）帝國。

初時，殖民者入侵行動失利，不料，他們從歐洲帶來的天花疫情，卻感染到印第安將領以及戰士，導致對方多人身亡，結果全軍潰散，侵略者由敗轉勝。

南美洲沒有天花的先例，對這些外來微生物，印第安土著沒有機會增加其抵抗力，而在不知不覺中被滅族。

比槍炮刀劍更恐怖

在墨西哥，天花傳入後，短短3年內，便使300萬名印第安人死亡。瘟疫就隨著歐洲人的足跡逐一在美洲部落傳播開來，在哥倫布踏上新大陸之後的美洲土著因之被消滅95%。換句話說，在歐洲人拓展他們的殖民事業時，微生物「居功至偉」。

這種因外來傳染病而滅族的情形，之後也發生在非洲及大洋洲，這也解釋了為什麼許多描述近代歷史發展的故事，會把病菌視為和槍炮、鋼鐵一樣具有改寫歷史作用的重要角色。

生物學家戴蒙（Jared Diamond）在其暢銷著作《槍炮、病菌與鋼鐵》中指出：「第二次世界大戰以前，在戰亂中蔓延的微生物比槍炮刀劍更恐怖，奪走的性命更多。所有的軍事史只知歌頌偉大的將領，而忽略一個讓人洩氣的事實：在過去的戰爭中，並非最傑出的將領和最卓越的武器就可以所向無敵。事實上，勝利者常常是些把可怕的病菌傳播到敵人陣營的人。」

在侵佔戰爭中，繼武器兵力之外，微生物竟成了其中一項最凌厲的殺人利器。

古時天花麻疹攻城掠地

微生物武器歷史悠久，有跡可尋的記載，可追溯到公元開始之時。

公元前，天花、麻疹等流行病，並不曾出現在古希臘，但是，在2至3世紀時，西亞侵入羅馬帝國，這些疾病也伺機而入，帶來一場人為大災害，地中海地區發生了長期的人口衰退，從而為中世紀黑暗時代揭開了序幕。

著有《槍炮、病菌與鋼鐵》的生物學家戴蒙

為什麼當年天花、痲疹會發生這麼大的歷史影響力？芝加哥大學歷史教授麥克尼爾（William　McNeil）提出了「文明病媒庫」的概念。他說，各個地方有其傳統的疾病，生活在其中的人民，與那些病媒長期相處，大部份人都發展出或多或少的免疫力，因此病媒只能造成零星病例。從未與那些病媒接觸的「外地人」就不同了，往往感染後就立即發病，毫無抵抗力。

　　由於貿易、戰爭的緣故，病媒也就從原生地擴散出去。一個地方的風土病，到了另一個地方造成殺人無數的疫情，史不絕書，歐洲人「征服」美洲就是最好的例子。

　　「美洲缺乏大型哺乳類家畜，產生了另一個更為嚴重的歷史後果。美洲原住民在和歐洲人接觸之後，人口銳減。不是因為白人的屠殺，而是他們帶來的傳染病。」

　　「歐洲很早便實行農業、畜養家畜的生活方式，使得人畜接觸成為主要的病源。例如人類的感冒就是源自豬的病毒，可是農業民族也逐漸的發展出針對這類傳染病的免疫力。由於美洲原住民從來沒有接觸過這類病原體，因此對這些疾病全無抵抗力。」

瘟疫蔓延改變人類歷史

　　「從某種意義上講，人類的歷史，其實就是與一部人類各種疾病抗爭的歷史。」生物學家如是認為。的確，在人類歷史上，曾發生過數次規模龐大，影響深遠，難以控制的瘟疫，改變了人類的歷史。

　　中世紀，號稱「黑死病」的鼠疫肆虐。相信歐洲鼠疫源自西亞，由於航海貿易的股達，帶病媒的老鼠上了商船，因此傳到歐洲。鼠疫登陸後，所向披靡，1351年時顛覆整個歐洲，導致這個大陸的人口迅速下降，劇減三份之一，倫敦這個大城市，十室九空，德國的受害程度較小，但也死了124萬人。

號稱「黑死病」的鼠疫在中世紀肆虐歐洲

在好些地區，三份之二至四份之三的人口死亡，估計這一時期為鼠疫喪失生命的人數多達2,500萬人。

16世紀時，天花曾席捲海地及多明尼加，釀成350萬人死的驚人數字。

16至18世紀，歐洲每年死於天花病的人數多達50萬，亞洲則有80萬人。估計單在18世紀便有1.5億人死於天花。

20世紀初，流行性感冒在全球蔓延，奪走2,500萬人的性命，比第一次世界大戰的死亡人數還多一倍。

迄今為止，肺結核仍是人類主要疾病之一，每年在全世界導致200萬人死亡。

哀鴻遍野時
致命流感捲土重來

　　許多人對感冒有一種錯誤的理解，以為當「感冒」這種疾病處於流行的時候，便稱為「流行性感冒」（簡稱「流感」）。

　　其實「感冒」及「流行性感冒」是兩種不相同的疾病，「流感」的英文名稱為「Influenza」，簡稱Flu，「感冒」則稱為「Common Cold」。相比起來，英文病名容易分辨得多。

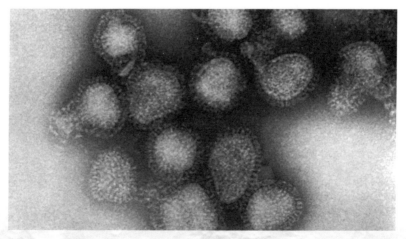

致命流感捲土重來

若你依舊認為，流行性感冒也只不過是在「感冒」上加多幾個字，它終究也只是感冒罷了，那你就大錯特錯了。

全世界每年死於流行性感冒的人，多達兩萬人，在1918至1919年間爆發的「西班牙流感」（Spanish Flu），就奪走了全世界逾2,500萬人的性命。這個死亡數字，比第一次世界大戰的死亡人數還要多一倍，成為有史以來最嚴重的死亡紀錄。

最為恐怖的是，此次的流感竟然廣泛波及世界各地，在幾年內，共出現三次高潮。

流感可能摧毀人類文明的說法並不是個玩笑，因為感冒病毒的旺盛生命力實在令人匪夷所思。根據「美國國家科學院期刊」（Proceedings of the National Academy of Sciences of the United States of America，簡稱PNAS）的報告指出，感冒病毒可以在禽鳥、豬、人的身上潛伏寄生，學習如何克服動物免疫系統的攻擊，轉化成殺傷力特強的變種感冒病毒。

西班牙流感的患者正等待接受治療

西班牙流感曾奪走逾2,500萬條生命

換面殺手防不勝防

也就是說，感冒菌非常「善變」，為了生存，每年都會變種成為新類型的變種病毒，這才是其最嚇人之處。

流感病毒主要有三種類型：A、B和C，每一類型都有多種毒株，各型病毒的突出特點是容易變異。

「流感病毒的轉變有兩種：一是病毒本身轉變，二是跟同類的『兄弟』交換基因轉變，例如一種A型病毒跟另一種A型交換。」香港大學感染及傳染病中心總監何柏良指出。他說：「第二種轉變模式完成後，會出現一種新病毒，新病毒可以變得較以前溫和，但也可以變得更壞，可以攻擊人或動物。」

這種狡猾的病毒，一聲不吭的過了幾十年，當時機成熟之際，會破繭而出，變成具有抗藥性、無堅不摧的冷血殺手，任何醫藥品都阻擋不了感冒病毒的入侵。這就是為何每一次的流感，會一口氣殺死這麼多人的緣故。

流感屬於過濾性病毒的一種，它可怕之處，其實並非病

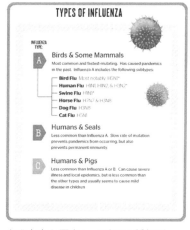

流感病毒主要有A、B和C三種類型

毒本身，而在於它所引起的併發症。若對流感的病毒株沒有免疫力，或本身的肺部情況欠佳者，可能會引發肺炎、支氣管炎、中耳炎、鼻竇炎、肌肉炎、心肌炎、心包膜炎、腦炎，甚至致死。

在預防方面，舊的流感有預防疫苗，能降低染病機會，即使不幸「中獎」，也可以減少併發症出現的機會。但注射一次疫苗並不能「一世保平安」，因為病毒每年轉變可說是一個定律。既然病毒變，疫苗也要每年更新。

醫學專家指出，通常一個流感病毒的流行週期約10至20年，然後就大變一次，由於這時絕大多數人均沒有抗體，所以任何人都是高危險群，健康與生命皆直接遭受威脅。

1977年迄今，已約40多年沒有大流感發生，也就是說未來每一年都可能爆發嚴重流感疫情，所以人人都要提高警覺。

雖同名病因症狀卻有異

一般的感冒及流行性感冒其實是兩碼子的事，但要怎樣才能分辨病人患的是感冒抑或流行性感冒？

感冒是每個人難免會患的小病症，但如果不謹慎治療，也可能引起其他嚴重的併發症。

一般感冒症狀多半局限在鼻腔、副鼻竇、喉嚨、氣管及大支氣管等上呼吸道，如鼻塞、打噴嚏、流鼻水、喉嚨癢、咳嗽

帶痰等,通常不會發燒、少有嚴重的全身性症狀。只要得到充份休息、補充足夠的水分和營養,幾天內情況就會緩解,甚至不需服藥。

至於流行性感冒,雖然名稱和前者類似,但兩者不論是在病因還是症狀,均不相同。流行性感冒幾乎每隔幾年,或是季節轉換時,就常會大流行。它和「感冒」最大的區別在於傳染性極高,會導致地區性或區域性的流行,有時甚至引發世界性的大流行,傳染途徑主要經空氣中病人的飛沫和直接接觸。

流行性感冒感染的初期,約三到五天,病人常常會有發高燒、全身病痛、畏寒等病狀。等到這些不舒服的感覺漸漸緩和下來後,呼吸道的症狀往往才會劇烈地浮現。當然,不一定患上流行性感冒,就表示患上了重病,只要配合醫生的指示,幾天之後,通常也無大礙。

不過,若引起其他的併發症,可能就會有生命危險。

西班牙流感病原仍是謎

在人類的歷史上,最嚴重的一次流感發生於1918年,全球有超過五億人患病,死亡人數在2,000萬人以上。僅在美國,就有55萬人因此喪生,比其在二次世界大戰、朝鮮戰爭和越南戰爭中陣亡的總人數還多。此次爆發後,也發生過全球性的流感大流行,分別爆發於1957年;亞洲流感(Asian flu),導致280

萬人死亡；1968年，香港流感（Hong Kong Flu），美國共有
34,000人感染死亡。

　　病毒的傳播速度甚快，每次的病毒爆發，在半年到一年的
時間內就蔓延至全球，導致上千萬人感染。

　　1918年嚴重流感的特點，是20至50歲的病發率及死亡率最
高，當時受科學技術條件所限，無法分離出致病原，因此長期
以來，人們一直認為西班牙流感的病原是一個謎。

　　為了預防這個可怕的病毒捲土重來，至今人類仍努力
尋找這種病毒的罪魁禍首。美國科學家傑佛瑞·陶貝格爾（J.
Toubenberger）在《科學》（Science）週刊上發表文章指出：
「1918年的流感病毒與豬流感
病毒十分相似，是一種與甲型
流感病毒密切相關的病毒。至
今，仍然可以在某些國家的體

ASIAN FLU and COLDS

Use Mistol Mist Nasal Spray
For Quick, Comforting Help

It's wise to call your doctor at the
first warning symptom of this epi-
demic misery. But there's one thing
you can do to make yourself more
comfortable when sniffles, sneezes
and stuffy nose strike. Use Mistol
Mist, the modern nasal spray and
you'll breathe easier quickly!

It contains Neo-Synephrine*, no
oil. Safe for children, too. Mistol
Mist eases misery same way the
doctor does when he sprays your
nose. To soothe sore throat, check
cough, get Mistol Cough Syrup.

*Reg. Trademark of Winthrop-Stearns, Inc.

Get Each Member of Your Family
a Bottle of Mistol Mist

Mistol MIST NASAL SPRAY A Plough Product

1968 Hong Kong flu:

34,000 deaths in the U.S.　　1 million deaths worldwide

香港流感的出現曾導致美國數萬人死　　亞洲流感殺人無數

內發現這種病毒。」這驚人的消息，不禁令人為之一震，也意味著人類隨時會再遭到嚴重的流感攻擊。

而2001年10月英國媒體曾經報道，英國科學家正力圖根據10名死於1918年大流感的倫敦人的遺體，找出引起這場流感的病毒樣本或碎片，分析其基因組特徵，研究它為什麼具有這麼強的殺傷力和傳染性。

然而，此研究至今，仍未尋獲真正的答案。

撒旦創造的病毒
伊波拉恐怖殺人史實

　　伊波拉病毒（Ebola　virus）毫無預警地來襲，讓人措手不及，瘋狂肆虐一輪，過後又神秘地銷聲匿跡得無影無蹤，使醫學專家們無從追蹤。專家雖經多方探索，但伊波拉病毒的真實身份，迄今仍為不解之謎，既不知它來自何處，又不知何以會降臨人間。

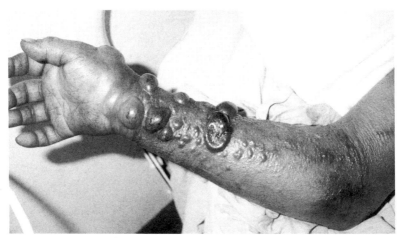

伊波拉病毒的真實身份，迄今仍為不解之謎。

在數年前上映的電影《極度驚慌》（Outbreak），就是以伊波拉病毒為題材的電影。片中引述非洲紮伊爾（現剛果共和國）發現了神秘且可怕的傳染病。為了消滅病原，美軍不惜一切炸毀了該村落。

原本以為一切已相安無事，未料，有一名美國人為了圖利，把紮伊爾的猴子帶回美國，繼而引發了一場大恐慌，籠罩全國。這種病毒在一夕之間，造成數百人死亡，讓醫學家聞之喪膽，至今人類對它仍是束手無策。

然而這只是緊張刺激的電影情節嗎？不要懷疑！它現在確實仍悄悄地在世界某個角落上演。

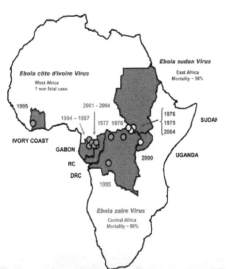

伊波拉在非洲多個地區爆發

世界衛生組織對伊波拉病毒嚴陣以待

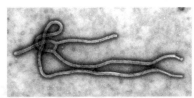

伊波拉病毒

2000年9月12日，非洲烏干達古盧鎮，36歲的艾絲特（Esther Awete），生病發高燒不退，五天後就死亡。對於剛生下小孩的艾絲特突然逝世，親屬傷心欲絕之餘，並無追究她的死因。

以當地的習俗，死者的遺體必須停放在住家兩天，等待親友一起參加葬禮。葬禮上，親屬需清洗死者的遺體，然後把她埋葬在離住家不到10公尺的地方。儀式結束後，親友們用同一個大水盆洗手，象徵親密團結。然而大家卻不知道，艾絲特的遺體帶有伊波拉病毒，這個病毒已在葬禮期間不停擴展。

緊接著，與死者同住的母親、三個姐妹、剛出世九天的女兒，還有三個親戚相繼死亡。原本幸福美滿的家庭，在短短的時間內，家破人亡。家中唯一生還者，便是艾絲特八歲的兒子，他也是唯一沒有參加葬禮的人。

專家對發現伊波拉病毒的地方加強消毒

非洲人的傳統葬禮助長伊波拉病毒擴散

　　最初，醫生們都不知道這究竟是什麼病，一直到送往南非的血液樣本檢驗報告出爐之後，醫療專家猜測這是恐怖的伊波拉變種病毒。

　　醫院裡的主治醫生，急得團團轉，病房裡不時發出呻吟與痛苦聲，許多病人在臨死前，眼睛、鼻孔、耳朵、嘴巴、肛門及其他器官等，都流著血，就算再高明的醫生，再怎麼堵，也堵不住湧出的污血。

　　病毒在烏干達北部地區的古盧鎮附近蔓延，當地政府確定是伊波拉之後，立即禁止傳統葬禮，就連所有的屍體都由政府處理與埋葬，以避免傳染。消息爆發以後，烏干達人民極度恐慌，就連照顧病人的三名護士，也不幸感染上病毒而死。

由於古盧地區非常貧窮、缺乏基本設施，許多居民住在偏遠的村莊，醫生們擔心，患者來不及就醫前死亡，而且病情無法在短時間內受到控制。

隨著疫情進一步擴大，烏干達政府宣佈將古盧鎮的三個伊拉波病毒肆虐最重的三個地方完全隔離！並動用軍隊嚴禁該地區的人民擅自離開。

這是伊波拉病首次在烏干達爆發，專家相信，病毒可能來自在不久前，剛從剛果民主共和國返回烏干達的士兵身上。

這個情景，有如電影般歷歷在目，不過它卻是鐵一般的事實，這次的伊波拉病毒，奪走了224條性命。

死相恐怖

伊波拉病毒目前依然活躍於非洲部分的國家，從第一次發作至今，已將至少1,000人送往鬼門關。

「伊波拉」原是紮伊爾一條河流名稱。1976年，一種不知名的病毒橫掃紮伊爾，瘋狂地虐殺伊波拉河沿岸數十個村莊的百姓，致使數百生靈塗炭，有的家庭甚至無一倖免，伊波拉病毒也因此而得名。

曾出任前蘇聯生化實驗所主管20年的科學家肯（Ken Alibek）曾公開表示，前蘇聯最愛用伊波拉作為生化武器。「理由很簡單，它沒有疫苗可打，無藥可救，其死狀為傳染病之

冠，容易引起社會恐慌。」他說。

這種病例死狀悽慘，病人感染病毒後四天，會出現類似感冒症狀：發燒、頭痛、喉嚨痛、肌肉酸痛無比的症狀。接著，體內的器官開始糜爛成半液體的狀態，微血管的內皮細胞受傷後，便開始漏出液體及血漿蛋白質。

「由於病人體內的器官組織壞死及分解，病人不斷地從口中嘔出壞死組織，感覺上就像一個大活人在眼前溶化，直到崩潰而死。」一個醫生如是形容伊波拉病人。

最後患者的眼睛、鼻子、嘴、肛門出血，全身毛孔沾滿血，50至90%的病人會在兩星期內，因失血過多造成休克死亡，有些病人更是在病發48小時後便被死神帶走。

Alibek曾出任前蘇聯生化實驗所主管

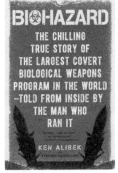

Alibek出書踢爆前蘇聯
愛用伊波拉作生化武器

失去武器的戰將
抗生素藥效逐減後

　　在1980年代，由傳染病致死的個案達到歷史性新低，人們自信能打贏與細菌這場戰，聯合國成員簽署了「2000年全球人的健康」，樂觀地預測在千禧年來臨前，即使連最貧窮的國家，也能解決國內的健康問題。可是漸漸地，人們發現抗生素不如想像中厲害，可以所向披靡，無堅不摧。

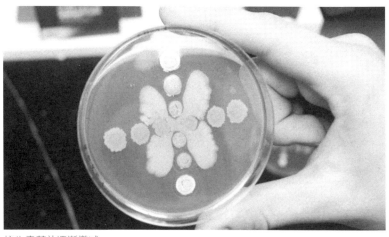

抗生素藥效逐漸變減

「小兒麻痺症」曾是一個駭人的名詞

　　對現今的青少年及兒童來説，「小兒麻痺症」（Poliomyelitis）不會是一個駭人的名詞。

　　自疫苗面世後，這種病症已不足以構成威脅，歷經數十年的努力，疫苗行動已取得卓越的效果。世界各國的孩子紛紛揮別「小兒麻痺症」的夢魘，不必擔心因患此病而癱瘓或死亡。為患多年的疾病眼看就要成為歷史名詞，天下父母大可放下心頭之石。

　　突然，平地一聲雷，小兒麻痺症侵襲保加利亞。

　　經已有10年沒有小兒麻痺症案例的保加利亞，分別在2001年3月及5月，發生兩宗兒童感染同一種野生型脊髓灰質炎病毒

事件，致使患病兒童肢體癱瘓。據分析，這次病源為來自印度的野生型病毒，兩宗病例相隔不久，顯示該病毒傳播性很強。

最令人擔憂的是，一般的小兒麻痺症，只有不到百份之一的病患會癱瘓，但在這兩宗案例中，兩人都發生了癱瘓，可見該病毒「毒性」之強。

即使世界衛生組織馬上採取周全應對之計，但卻有越來越多人擔心，不知到了哪一天，又會冒出一種新型病毒。

人們並沒有多慮，事實上，越來越多病例顯示，在與微生物的抗戰中，人類已處於下風。

巴斯特

巴斯特指細菌是引起人類致病的元兇

「西方的科學與醫學，已走到死胡同。」在眾說紛紜中，這句話卻越加清晰。曾令人類引以為傲的西方科學與醫學，是怎樣走到今天這個進退維谷的地步？

若從西方醫學上看，發展最巨、變化最大的時期，不過只有區區百多年的歷史。1876年，法國人巴斯特（Louis Pasteur）提出「細菌致病論」，指細菌是引起人類致病的元兇。他的學說，在向來迷信鬼神致病的社會引起震盪，仿如投下一顆炸彈，不過卻也打開了另一扇窗，從而也為現代醫學鑑定了基礎。

1928年，佛萊明（Alexander Fleming）發現一種叫「盤尼西林」（Penicillin）的黴可抑制細菌生長，科學家過後從這種黴中提煉出「盤尼西林」抗生素。

佛萊明

盤尼西林的強勁功效曾被傳頌一時

抗生素是20世紀醫學界最偉大的發現，它能夠有效保護人類不受細菌感染的威脅，人類醫學史從此揭開新一章。

在經歷了無法控制傳染病的黑暗時代，曙光出現了。

改良後的盤尼西林，消炎效果更佳，它具有卓越的殺菌功能，有效阻止細菌產生其賴以維生的細胞壁，使細菌沒有細胞壁而立刻死亡。抗生素功效卓越，用途廣泛，迅速成了西醫的好幫手、大家用得不亦樂乎。

不管是發燒感冒或傷風咳嗽，診療所的醫生，在配合各別病症的藥物的同時，也習慣付上一包抗生素藥丸，似乎無抗生素不成藥。

BRITISH JOURNAL OF EXPERIMENTAL PATHOLOGY, Vol. X. No. 3

Penicillium colony

Staphylococci undergoing lysis.

Normal staphylococcal colony.

Fig. 1—Photograph of a culture-plate showing the dissolution of staphylococcal colonies in the neighbourhood of a penicillium colony.

盤尼西林的黴可抑制細菌生長

抗藥現象後果嚴重

細菌需要生存，但受到抗生素打壓，它們只好不斷變形以便生存下去。

以淋病為例，向來都以盤尼西林醫治，但是，在1975至1976年期間，淋病病菌竟產生出可以溶解盤尼西林黴的功能，使盤尼西林失去效用。瘧疾原蟲也開始磨練出抗藥能力。

於是，過去20多年來，許多原已銷聲匿跡或已普遍認為不會對人類造成重大威脅的疾病又再浮現，而且威力更強！

結核病又是一個典型的例子，聯合化療曾經有效控制結核桿菌，但在上1990年代以後，具有強大抗藥性的結核桿菌捲土重來，肆意地侵犯人類，並進一步與其他細菌、真菌攜手，攻克人體防疫堡壘。

美國疾病傳染控制中心指出：「目前臨床使用的抗生素大約有150種。驚人的是，我們發現有些普通的菌種，居然對這150種抗生素都有抗藥性。」，

據估計，美國每年因為濫用抗生素而致死的人超過一萬。

美國哈佛大學公共衛生研究員在美國八個州屬進行研究，測試從1996至1999年間，抗藥性的普及情況。

研究結果顯示，疾病對盤尼西林的抗藥性從1996年的

21.7%，升至26.6%；至於對紅黴素的抗藥性，更是由10.8%，大幅上升至20.2%。

隨著有效藥品的遞減，醫師用藥的選擇也相對減少，世界衛生組織已發出呼籲，要求各國政府協調，以實施遏止濫用抗生素的情況。否則，情況繼續惡劣下去，抗生素在不久的將來便成為廢物，而普通疾病將變得像癌症一樣無藥醫治。

事實上，人類的疾病不少反多，種類越來越繁多，奇奇怪怪的疑難雜症層出不窮，完全在現代醫學的控制之外，抗生素越來越不管用。

一些專家提出，我們已步入「後抗生素時代」，抗生素已不再是我們對傳染病，甚至一般疾病的主要對抗武器。

但是，如果不是抗生素，那又會是什麼？一個學說被推翻，標誌著其他學說的崛起。

如今，醫學界專家們仍在尋找新的答案。

生命中不能承受的多
百億人口大關響警報

「人口爆炸」只是一個名詞，65億人口卻是一個證據。根據資料顯示，人口發展進入「迅速期」是在17世紀中葉後。

讓以下的數據告訴你事實情況：

公元元年，世界人口在2.5億左右；

1650年，世界人口約5億；

1830年，人口10億；

1930年，20億；

1975年，40億；

1999年，60億；

2006年，65億；

2018年，世界人口突破74億。

人口爆炸經已成為全球問題

　　專家們估計，如果出生率繼續保持現有增幅，那麼50年後，世界人口將在目前的基礎上增加兩倍！人口問題若沒有認真看待和處理，它可能引發許多令國際、國家、政府、社會和人民頭痛的問題。

　　據聯合國的預計，全球人口將增加到2025年的80億和2050年93億，預計全球人口能穩定在105至110億左右。而未來的幾乎所有人口增長均來自於發展中的國家，為此未來世界不得不養活另外的50億人。

　　其實，在減少人口的問題上，人類錯過了一個重大的機會。根據聯合國世界人口報告指出：如果80年代的出生率能夠下降0.5%，當今世界的貧窮人口將有機會減少三份之一，但我

登月之謎
MOON LANDING CONSPIRACY

們已錯過了這個機會。

雖然各國保健水平，特別是生殖健康水平的提高比預期的快速，更多的夫婦選擇少生孩子，使全球人口生育率下降的速度比預期快，加上非洲撒哈拉以南地區人口死亡率上升，人口增長數字也因此放緩，之前預計2050年93億人口估計減至90億左右，但人口數字增長的情況還是如滾雪球般增加。

在人口不斷增長之際，人們的生活水平同時提高，但面對的問題如土地、水源、能源和其他自然資源卻也更加緊張，尤其是發展中的國家，或因此引發空前的危機。

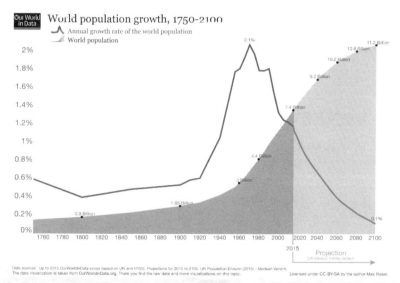

全球人口的增長趨勢

1. 人口爆炸的危機

a. 自然資源耗盡

　　根據統計，1900年世界平均每天只消耗幾千桶石油，但現在人類平均每天需消耗7,200萬桶石油；人類對金屬的使用也從每年的2,000萬噸，上升到現今的12億噸——人類開始面對資源耗盡的危機。

現在人類平均每天需消耗7,200萬桶石油

人類開始面對資源耗盡的危機

b. 生態環境受威脅

　　生態環境任何的變化都會引起整個系統的混亂，而人類隨著科技的發展，改造對生態環境越來越具破壞性，最終造成自然環境反彈，如土地沙漠化、水資源短缺、森林減少、大氣層污染、氣候異常、臭氧層破洞等就是最佳的例證，這一切最後的結局可能令人類因此灰飛煙滅。

登月之謎
MOON LANDING CONSPIRACY

土地沙漠化

水資源短缺

c. 人類健康狀況敲起警鐘

　　發展中的國家之衛生和健康狀況因人口增長敲起警鐘。48
的人口中，大約五份之三缺乏最基本的衛生設施；三份之一無
法接近乾淨水源；四份之一居住成問題；大約20億人因缺乏維
生素和礦物質而患上貧血；約有3.5億育齡婦女未有安全的生育
計劃；每年200萬婦女感染性病；58.5萬婦女死於難產；7萬婦
女因墮胎方法不當而喪命。

d. 糧食問題尖銳化

　　人口數量增加，耕地面積卻減少，同時隨著城市化加深，
對農業的需求也在不斷增加。直接消費的糧食少了，但吃肉和
雞蛋的增加，這是糧食的間接消費，引發缺糧的危機。

坐以待斃還是積極面對？
殺到埋身的末日預言

　　過去，不時也有五花八門的各種災難預言，其中不乏「人類滅亡」、「世界末日」等說法，甚至有人預言前美國總統克林頓會乘「Y2K危機」一片混亂之際，搖身一變成為獨裁者。不過許多預言經已「失效」，但未來仍有不少末日預言等著我們去考證。

不少學者都對世界末日作出預言

登月之謎
MOON LANDING CONSPIRACY

根據《馬雅大預言》及《地球毀滅密碼》作者摩利斯‧科特羅（Maurice M. Cotterell）的研究，從馬雅文化的許多古廟與石碑中，發現了地球的生命是每隔3,740年就會被毀滅一次，地球生命在過去已曾被毀滅四次。

據他進一步研究發現，導致地球文明重新「洗牌」的原因，是太陽磁極週期性的異位，造成地磁南北極週期性的對調，而使地球文明週期性的毀滅。透過科學的計算顯示太陽的磁極，剛好每隔3,740年就會對調一次。由於太陽磁極的逆轉，推論地球磁極也將會對調，使得地球南北兩半球互換生物無法適應突發的重大氣候變化，而集體死亡。

新墨西哥大學考古學家法蘭克‧西奔在阿拉斯加一萬年前的地下泥層中，發現長毛象、野牛、熊、狼、斑馬等他們估計從寒帶到熱帶所有動物的屍體堆積在一起的原因，是由於遭受全球性大變動所致死的。另由西伯利亞地區的冰凍層也一樣發現

《馬雅大預言》及《地球毀滅密碼》作者科特羅

據科特羅的研究發現，導致地球文明重新「洗牌」的原因，是太陽磁極週期性的異位。

許多熱帶動物屍體，這些現今為寒冷的地方，以前曾屬於熱帶氣候。這些發現有助於地球毀滅週期推論。

2012年彗星撞地球

《聖經密碼》（The Bible Code）作者米高‧卓斯寧（Michael Drosnin）發現《摩西五經》的（Pentateuch）字裡行間隱藏著訊息，指一枚彗星將會於這年撞上地球，所有的生命將會滅亡。

泰倫斯‧麥肯納（Terrence McKenna）則預言，一顆隕石會在該年12月21日撞上地球，地球上所有生命都會滅亡，不過發現時光旅行技術的人將會得救。

《聖經密碼》作者卓斯寧

卓斯寧發現《摩西五經》透露指一枚彗星會撞上地球

有預言家表示在2016年各國爆發細菌戰

2016滅族傳染病

美國鹽湖城地區教授李歐德·康寧戴爾（Lloyd Cunningdale）挖出19世紀一群前往加州墾荒，卻在半途受困雪中而死的民眾留下的遺跡。這些墾荒者留下許多預測，其中之一是，世界各國將放棄傳統戰爭方式，轉而訴諸生化戰。他們預言，2016年各國會爆發細菌戰，地球上所有的人都難以倖免。

2024年隕石襲地球

一個叫做「天空之火：隕石與聖經預言」的網站預測，一顆隕石將在2024年以前撞上地球， 造成大火、海嘯，海中也會出現紅潮，天空將飄浮著塵雲。

2038年上帝的懲罰

《聖經與未來》（The Bible and the Future）一書預言，2038年全球人口將有極大比率死於上帝的懲罰。

2076年回教密碼

回教神秘主義派「蘇非教派」（Sufi）的部分信徒相信，公元2076年正好是回曆的第1,500年，「世界末日」將在該年降臨。

以上許多有關世界末日的預言，日期近者為2024年，遠者也不過再數20年而已，著實令人不安。到底這些預言的可能性如何？人類是否已醉生夢死，而不知它之將近？

其實我們也不必過於憂慮，因為這些預言家並非真的很準。許多的預言文詞非常簡潔，且有很多是以隱喻的方式來比喻預測事件，所以有很大的解釋空間。在事件發生之前，並沒有人能根

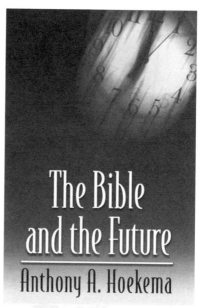

《聖經與未來》

CHAPTER FOUR
哭泣的大地

據預言判斷出將會發生的確實事件。而是當事件已發生過後，才套用過去解釋 該預言就是預測此事件。

不過，不管有無預言的存在，這個時代因科學發展所造成的眾多繁榮或惡化現象，相對於數百年前的古代，我們所處的就是一個新世界。在這極短的轉變間，舊時代如同步入末日。

其實，「天作孽，猶可恕；自作孽，不可活」，地球最危險的處境，就是人類對環境與自我的破壞。現在地球上逐漸污染的環境，讓草原、森林及河流生態快速的消失，許多生物種類快速的滅絕，臭氧層破洞逐漸擴大。

人作的孽已夠多了，尤其甚者人類相競發展毀滅性武器，用於威脅恫嚇之上。無人能保證這種生殺大權落在「撒旦」之手，即使嚴密管理也會有擦槍走火的可能。如生萬一，就會陷地球於萬劫不復之地。

CHAPTER FIVE
歷史謎案

人要每天反省才能進步，正如歷史是一面鏡子，人類只有明白過去，才能更好地籌劃將來。

歷史上的亞當
尋找人類誕生的搖籃

　　人類究竟誕生在哪裡？這是一個眾説紛云的問題。多祖論者主張各人種有不同的起源，那就有不止一處的人類發祥地。但是現在的科學支持單祖論，人類的發祥地只能是一處，只能在一個有限的地區之內。那麼人類的搖籃究竟在哪裡呢？

人類究竟誕生在哪裡？答案眾説紛云。

愛斯基摩人的歷史最多不超過數千年

　　看來，兩極地區不可能是人類的搖籃。冰天雪地的南極洲，冬季沉睡在漫漫的長夜之中，氣溫低達零下攝氏60度，只有色彩絢麗的極光在鋼藍色的夜空中閃爍。

　　到了19世紀，才有探險家的足跡踏上這遠處極南地區的大陸。這裡的化石材料很少，除了在煤層裡找到過蕨類植物之外，1967、1969年才在距今兩億年前的地層裡找到兩棲類和水龍獸遺骸，表明那時候當地的氣候是溫暖的，但從來沒有找到過古人類和文化遺物的痕跡。

　　北極地區也是找不到人類祖先的，因為北冰洋的島嶼也好，南部的凍土和森林苔原地帶也好，距離猿類化石發現很遠，距離現代靈長類的分佈區也很遠。北極地區雖然有爱斯基

摩人居住，但愛斯基摩人的歷史最多不超過5,000年。

　　大洋洲也不可能是人類的發祥地。大洋洲包括澳洲本土、新西蘭島和南太平洋的許多群島。澳洲大約在一億多年前的白堊紀就跟歐洲大陸分離了。那裡多半是沙漠地區，資源不豐富，動物也稀少，主要的哺乳動物只有一些原始類型如袋類和鴨嘴獸等。到目前為止，還沒有找到過除人以外的其他長類化石。所能找到的人骨化石，據放射性碳十四法測定，最古不超過22,000年，這距人類起源的時間太遠了。

　　至於美洲大陸，看來也不會是人類的搖籃。人們稱美洲為新大陸。撇開印第安人傳說中的野人「沙斯誇支」不談，在美

到目前為止，還沒有找到過除人以外的其他長類化石。所能找到的人骨化石，據放射性碳十四法測定，最遠古不超過22,000年。

洲，既沒有類人猿，也沒有發現過它們的化石證據，甚至連狹鼻猴類（不論是現代生存的，還是古代的化石代表）也沒有找到過。第三紀的早期在這裡發展了闊鼻猴類，曾經在阿根廷、哥倫比亞的中新統地層裡找到了性質和闊鼻猴相近的些靈長類化石，表明它們跟舊大陸的狹鼻猴類無關。

講到人類在美洲居住的歷史，有人推測過，更新世中期的動物群曾經通過冰期的白令陸橋（由於冰期海面大幅度下降，而在白令海峽出現了陸地）分佈到美洲，因此不能排除直立人跟蹤獵物來到美洲大陸的可能，但到目前為止還沒有在這裡發現過舊石器中期或更早時期的文化遺物和人類遺骸。

有些科學家認為，最早的人類可能是在最後一次冰期通過白令陸橋從亞洲北部過來的。也有人提出，美洲最早的居民是從大洋洲飄洋過來的，依據是南美洲當地人的語言和個別文化因素跟大洋洲的有相似的地方，但是這一說法沒有被多數人所接受。

據考古學研究，美洲居住人類的歷史不超過40,000年，他們在美洲大陸上是由北向南擴展的，到達美洲的南端距今不過10,000年。最近雖然有報道說，在美國加里福尼亞州南部的古老堆積層裡曾經找到古老的石器，年代可能在六萬至八萬年前。即使這一報導被證實，人類在美洲居住的時間也沒有超過10萬年，這距離人類起源的時間也太遠了。

可能作為人類的搖籃，是歐洲、非洲和亞洲，下面我們分別對這三個洲的可能性作探討。歐洲起源的可能性還很難說。

歐洲，特別是西歐，曾一度被認為是人類的發祥地，因為舊石器時代的文化（包括最早的阿勃維爾文化）和人類的化石遺骸最早是在歐洲找到的。從1823年到1925年間，在西歐出土的舊石器時代的人骨就有116個個體，包括直立人階段的海得爾堡人，而新石器時代的人骨發現得更多，有236具。因此，人們打開地圖一看，歐洲（特別是西歐），佈滿了古人類的遺址。而當時除了爪哇直立人之外，在亞洲其他地區和非洲還沒找到過古人類遺址。加上1920年代，「辟爾當人」的騙劇喧鬧一時，所以許多人都認為人類起源的中心是在西歐。

但是隨著亞非兩洲大量材料的發現，歐洲作為人類發祥地的可能性變得很難說。因為：第一，歐洲第三紀地層缺乏人類祖先的化石證據，如拉瑪猿和南猿。

據說，在德國找到的方頓種林猿的材料中，有拉瑪猿類型的一顆牙齒

歐洲曾一度被認為是人類的發祥地

登月之謎
MOON LANDING CONSPIRACY

標本，但憑這樣少量的化石材料是不能說明問題的。另外，在奧地利距今1,600萬年的中新統地層中部，也找到過一種林猿材料、命名叫「林猿達爾文種」，有人認為這是人類的祖先。現在經過研究，認為儘管它的臼齒上有些近似人類的特點，基本性質還是猿的。

到了19世紀，在意大利托斯卡納的上新世早期的褐煤層裡找到過山猿的化石材料。1954年以後找到的材料更多，甚至近乎完整的骨架。山猿有些特點和人類相似，如犬齒小、面部短而欠突出，有人認為它是直立的，主張應該屬於人科。但近年來的研究表明，它的雙臂比腿長，手掌是彎的，所有關節的形態表明都很靈活，說明山猿並不是直立的，可能是臂行的，可能是長臂猿的祖先類型。

在近年的報告中，有人研究了山猿的牙齒，認為它跟人類和任何類人猿都沒有關係，可能是猿的進化線上的一個特別分支。第二，歐洲雖然曾經找到舊石器時代早期的阿勃維爾文化，然而以後在非洲大陸、南亞和東南亞等許多地區也找到了這一文化，而且分佈很廣泛。不僅是這樣，在非洲還有比阿勃維爾文化更早的文化遺物。在亞洲屬於更新世早期的文化遺址發現得也相當多。

近年來，雖然在捷克斯洛伐克的布拉格附近、羅馬尼亞的布加勒斯特和法國南部的芒通附近，和更新世早期的獸骨一起

找到過礫石工具，但是這些古老工具的真實性，還值得研究。即使是確實的話，也只能說明在更新世早期人類就分佈得相當廣泛，但是人類起源的時間比這還要早。

不過，近十年的情況又有些變化：在希臘、土耳其、匈牙利等地區找到了拉瑪猿類型的古猿化石，因此有人認為不應該排除南歐地區是人類起源地區之一的可能性。但總的說來，歐洲作為人類發祥地的可能性不是很大。

我們亦不能排除非洲是人類搖籃的可能性：早在1871年，達爾文在《人類起源和性的選擇》一畫裡，就推測人類是從舊大陸的某種古猿演化來的。他根據動物分佈的規律，就是說在世界上每一大區域裡現存的哺乳動物，是跟同一區域裡已經滅絕的種屬有密切關係的。從這裡得出結論，認為古代非洲必定棲息著和大猿、黑猿極其相近的已經滅絕的猿類。大猿（特別是黑猿）跟人類的親緣關係最近，所以人類的祖先最早居住在非洲的可能性比其他各洲更大。

達爾文的這一個推測在19世紀雖沒有得到科學材料的證實，但不少科學家還

有指人類的祖類先最早居住在非洲的可能性，比其他各洲更大。

登月之謎
MOON LANDING CONSPIRACY

是支持他的。到了上世紀20年代，科學家在非洲找到了南猿化石，以後許多化石猿類和古人類遺骸陸續在這裡發現。50年代（特別是60年代）以來，找到的古猿、南猿、直立人的材料更是豐富多彩，經放射性同位數方法測定年代，有些南猿生存在距今400萬年以上。這些材料為非洲是人類的搖籃的主張提供了事實根據。

而且有人認為，非洲地域遼闊，地形多變，有熱帶叢林，有樹木稀疏的大草原，有半荒漠地帶，有高山，又有巨大的裂谷，對高等靈長類的分化和不同生活方式的形成能起促進作用，是人類起源的理想地區。

但是也有人不同意人類起源於非洲的主張，他們的理是：第一，他們認為達爾文忽視了動物遷徙的問，大型猿類在非洲出現並不能説人類一定起源於非洲，相反，按照動物遷徙的規律來説，它們的祖先還應該到遠離現代分佈區的地方去尋找。其次，促使古猿變成人，一般需要外界的動力，這就是地區環境的變化，如森林區變成疏林草原區。非洲地區從中新世以來，據現在科研結果表明，環境變化不激烈，雖然地形多變，還是缺乏對古猿變人的「外界刺激」。

另外，從地理位置上來看，非洲顯然不屬於整個舊大陸的最重要部分，實際上只是歐洲大陸突出去的一個半島。在動物地理分佈或區系劃分上，非洲和亞洲大陸同居「古北區」。因

此，在北非的埃及、阿爾及利亞等地發現的化石猿類和亞洲大陸發現的材料關係很密切，很可能北非的那些古老的化石代表是從亞洲來的。

主張非洲起源的學者中，還有一派認為起源地點在南非，因為早期類型的南猿是在南非發掘到的。反對的人卻指出，南非離舊大陸其他地區太遠，僻處一隅，南猿以這裡作為中心向其他地區遷去的可能性不大，而從別處遷來的可能性顯然要大得多。不管怎樣說，非洲地區發現的材料是這樣豐富，在解決人類起源的問題上，它們的重要性是不容忽視的。

在目前，不少科學家認為不能排除非洲作為人類發祥地的可能性，但亞洲起源的可能性更大些。

人類起源亞洲說早在1857年就有人提出了。人類起源於亞洲的哪一部分，主張亞洲起源的人也說法不一。有人提出是中亞，這就是最早提出亞洲起源的美國古生物學家賴第的主張。1911年，另一古生物學家馬修在一次題目叫《氣候和演化》的演講中列舉了種種理由，強調中亞高原是人類的搖籃，影響很大。以後不斷有人支持這一主張，如葛列格里、步達生、奧斯朋等。1927年在中國發現「北京人」之後，中亞起源說更加風靡一時，30年代還組織了中亞考察團到蒙古戈壁裡去尋找人類祖先的遺骸。

主張中亞說的人闡述他們的理由，最注重的是那些用來反對非洲說的幾個方面：第一，非洲缺乏「外界刺激」、中亞卻有，就是喜瑪拉雅山的崛起，使中亞地區高原地帶的生活比低地困難，對於動物演化來說，受刺激產生的反應最有益處，這些外界的刺激可以促進人類的形成。第二，按哺乳動物遷徙規律說，通常是最不進步的類型便會被排斥到散佈中心之外，而最強盛的類型則留在發源地附近繼續發展，因此在離老家比較遠的地區反而能發現最原始的人類。恰好當時發現的惟一的早期人類化石是爪哇直立人，和這一假說正好吻合。

　　有些人種地理學家也主張中亞說，認為非、歐還有美洲原來是附屬於亞洲的三個半島，攤開地圖就可以看出，人種由中亞向各方向分佈是十分順當的，以中亞作為散佈中心，有層次地向四周逐漸擴展，就可以分佈到這幾個洲。

人類起源亞洲說早在1857年就有人提出

主張中亞起源說的人中間，對具體地點又各有各的說法。例如奧斯朋認為是蒙古和西藏，葛列格里認為是蒙古和新疆，中國人類學家劉咸則認為是新疆和西藏一帶。

除了中亞說，也有人主張北亞說。1889年有人依據當時認為愛斯基摩人是北方最古老人種的說法提出了一個設想：人類各原始部落是在北方起源的，以後受到北方大冰期的嚴酷壓迫，就以北亞作為中心，向各方面特別是南方還移遷。但是這一假說沒有得到科學事實的支援。

近年主張人類起源於南亞的人卻越來越多。這種假說最早還是海克爾（Ernst Haeckel）在《自然創造史》一書中提出來的，海克還繪圖表示現今各人種由南亞中心向外遷移的途徑。

主張南亞起源說的人認為：首先，和人類親緣關係相近的，除了非洲的黑猿和大猿，還有南亞的褐猿和長臂猿，它們的化石遺骸在南亞發現得很多。亦有資料顯示，最近有人用分子生物學的研究方法，證明褐猿和人類的關係還比非洲的猿類更密切，這又為南亞起源說提供了有利的論據。

其次，現在被看做是人類直系祖先的拉瑪猿，是在南亞的西瓦立克丘陵地帶的上中新統或下上新統地層裡被大量發現的。在南亞和東南亞地區還找到了南猿型，甚至可能是「能人」型的代表和它們使用的石器。有些人分析，在年代上可能和東非的材料不相上下。這一帶也找到了更新世早期的直立人

登月之謎
MOON LANDING CONSPIRACY

的遺骸和文化遺物，更不要說更新世中期的直立人階段的許多
代表了。

有些古人類學家就根據世界上拉瑪猿，南猿和更新世早期
人類的發現地點分佈情況，來證明人類的發祥地很可能就在南
亞。中國考古學家賈蘭坡在70年代初曾經繪製一張拉瑪猿、南
猿化石和早期人類文化地點分佈圖，圖上拉瑪猿的化石地點最
西是東非肯雅的特南堡，中間是印度西拉姆的哈里塔良格爾、
東面是雲南開遠，連接這三點成一個三角形，南亞正好在這個

海克爾

海克爾著作《自然創造史》

三角形的中心部位。早期更新世人類化石和文化地點有：西北面的南非斯特克方丹，西北面的法國芒通、東北面的中國山西芮城西侯度，東南面的爪哇桑吉蘭地區。把這些地點聯結起來成為一個四邊形，這個四邊形的中心部位和拉瑪猿分佈的三角形地區恰好相等。這個示意圖說明人類在中心地區南亞起源再向四面輻射的情況。所以有些科學家認為，南亞是人類搖籃的可能性更大些。

最近有的主張南亞說的人如孔尼華，甚至把起源地區縮小到西瓦立克丘陵地區，理由是在這裡發現了人類祖先拉瑪猿（他認為肯雅猿不是拉瑪猿），從這地區到印尼的桑吉蘭和東非的奧爾杜韋峽谷地區距離相等，這兩個地區都發現了同樣古老的人類遺骸和文化遺物。人類原始祖先的這種分佈情況和另一種古代動物劍齒象的很相似，劍齒象的原始祖先也是在茜瓦立克丘陵地區找到的。

根據上面幾節的簡要分析，首先排除掉所有那些在上新世晚期和這以前的時期沒有高等靈長類（包括人類祖先在內）的地區，留下來的最可能作為人類發祥地的，就是在亞非之開的地區。許多科學家主張是在這兩洲靠近赤道附近的熱帶森林地區，範圍更縮小一些的話，不少人認為是東非成南亞。究竟在哪裡可能性更大些？還有待於更多的化石材料和深入的分析研究。必須看到，解決人類發祥地問 是存在不少困難的。

我們這裡談的人類發祥地是指人的系統（人科）從猿的系統（猿科）開始分化的地區。越往前追溯，人類祖先在體質特徵上跟猿類祖先越難分辨，人類遠祖在過渡階段使用的石器工具，跟天然破碎的石塊也越難區別。而且據推測，人類遠祖從偶然地到頻繁地使用「天然工具」的這類活動很可能不限於某一個別地點，而是在一個範圍比較大的地區裡的幾處獨立地發生的，由頻繁地使用「天然工具」到有意識地製作工具更是這樣，所以很難指出人類起源首先發生在哪裡。

因為一旦人們實現了製作工具的這個轉變，就會很快地散佈開去，也就很難具體地推出這一轉變究竟是在哪裡實現的了，看來，我們還是探索一個範圍有限的地區，而不是一兩個具體的地點，做法會比較切合實際。

人類的搖籃究竟在哪裡？解決這個問題儘管有困難，但是隨著實踐的深入，我們的認識也會不斷發展，總會把真相漸揭露出來的。

看得喜 放不低

創出喜閱新思維

書名	登月之謎 Moon Landing Conspiracy
ISBN	978-988-78874-0-9
定價	HK$88/NT$280
出版日期	2018 年 11 月
作者	博希
責任編輯	文化會社編委會
版面設計	西以倫
出版	文化會社有限公司
電郵	editor@culturecross.com
網址	www.culturecross.com
發行	香港聯合書刊物流有限公司
	地址：香港新界大埔汀麗路 36 號中華商務印刷大廈 3 樓
	電話：（852）2150 2100
	傳真：（852）2407 3062

台灣總經銷	貿騰發賣股份有限公司
	電話：(02) 8227 5988